FORSCHUNGSBERICHTE
DES WIRTSCHAFTS- UND VERKEHRSMINISTERIUMS
NORDRHEIN-WESTFALEN

Herausgegeben von Staatssekretär Prof. Leo Brandt

Nr. 98

Fachverband Gesenkschmieden, Hagen

Die Arbeitsgenauigkeit beim Gesenkschmieden unter Hämmern

Als Manuskript gedruckt

Springer Fachmedien Wiesbaden GmbH

ISBN 978-3-663-03404-9   ISBN 978-3-663-04593-9 (eBook)
DOI 10.1007/978-3-663-04593-9

Forschungsberichte des Wirtschafts- und Verkehrsministeriums Nordrhein-Westfalen

Gliederung

0	Einleitung	S. 5
1	Wesen und Bedeutung	S. 6
	11 Arten der Genauigkeit - Gütestufung	S. 6
	12 Maßtoleranzen einschl. Versatztoleranzen	S. 11
	13 Einflüsse auf die Genauigkeit beim Gesenkschmieden	S. 14
	14 Stoffzugaben und ihr Einfluß auf die Fertigungsverfahren	S. 19
	15 Normen für Gesenkschmiedetoleranzen in Deutschland, USA, England und Schweden	S. 30
2	Gesenkschmiedehammer und Arbeitsgenauigkeit	S. 32
	21 Gestell	S. 33
	22 Führungsbahnen	S. 33
	23 Gesenkeinbau	S. 46
3	Einfluß der Beschaffenheit einer Gesenkhälfte	S. 49
	31 Gesenkherstellgenauigkeit	S. 51
	32 Gesenkmaßveränderung	S. 57
	33 Die Beziehung zwischen Vorform und Fertigform in Hinblick auf die Gesenkabnutzung	S. 67
4	Einfluß des Zusammenwirkens beider Gesenkhälften	S. 72
	41 Dicke bzw. Höhe der Gesenkschmiedestücke	S. 72
	42 Versatz	S. 74
5	Außerhalb des Gesenks liegende Einflüsse	S. 90
	51 Schwindmaß	S. 92
	52 Verformung durch Werfen, Verzug	S. 95
	53 Zunder	S. 97
6	Vorschläge für Überarbeitung der Technischen Richtlinien für die Lieferung, Herstellung und Gestaltung von Gesenkschmiedestücken aus Stahl	S. 100
	61 Empfehlungen für neue Normen für Gesenkschmiedetoleranzen	S. 100
	62 Nennmaß, Sollmaß, Abmaße bei Schmiedestück und Gesenk	S. 102
7	Zusammenfassung	S. 107
	Literaturverzeichnis	S. 110
	Anhang Blatt 1 und 2	S. 114

Forschungsberichte des Wirtschafts- und Verkehrsministeriums Nordrhein-Westfalen

o Einleitung

Seit etwa 100 Jahren ist das Gesenkschmieden als Fertigungsverfahren bekannt. Zunächst auf handwerklicher Tradition beruhend, hat es, beginnend im ersten Viertel unseres Jahrhunderts, unter Anwendung wissenschaftlicher Grundsätze einen ungeahnten Aufschwung genommen. Maschinen, Werkzeuge, Öfen und Verfahren wurden und werden ständig verbessert. Diese Entwicklung ist heute erneut in vollem Fluß.

Gleichzeitig nahm die Genauigkeit der Gesenkschmiedestücke ständig zu. Die Aufstellung von technischen Richtlinien über Herstellung, Gestaltung und Toleranzen von Gesenkschmiedestücken in verschiedenen Ländern fördert diese Entwicklung beträchtlich.

Die ersten Gesenkschmiedestücke waren Waffenteile und Messer. Später wurden mehr und mehr bisher freiformgeschmiedete Stücke im Gesenk geschmiedet. Diese Teile sind ganz, teils oder nicht fertig. Alle drei Fertigungsstufen stellen bestimmte Genauigkeitsforderungen an das Gesenkschmiedestück, die heute zum Teil in DIN-Normen mit verschiedenen Genauigkeitsstufen vorliegen. Die Einhaltung der geforderten Genauigkeiten stellt hohe Ansprüche an Maschinen, Werkzeuge, Öfen und nicht zuletzt an den Menschen, denn er muß für höchste Genauigkeiten zahlreiche scheinbar am Rande liegende Einflüsse beachten. Erhöhte Ansprüche sind auch an das innerbetriebliche Meßwesen zu stellen.

In dieser Arbeit geht es nun darum, die Abhängigkeiten der Schmiedegenauigkeit darzulegen, um einmal zu Betriebsrichtlinien für eine gepflegte Genauigkeit beim Gesenkschmieden zu kommen und darüber hinaus Unterlagen für eine begründete neue Genauigkeitsnorm zu schaffen.

Die in den Hämmern liegenden Ungenauigkeiten, die Gesenkherstellgenauigkeit sowie die Gesenkmaßveränderung, das Zusammenwirken beider Gesenkhälften, die Maßabweichungen infolge Schwindung und Verformung und schließlich der Einfluß des Zunders werden daher Gegenstand unserer Untersuchungen sein müssen. Dabei werden wir die gültigen Erkenntnisse der Toleranzlehre auch auf das Gesenkschmieden anzuwenden haben, das damit aus seiner auf diesem Gebiet mehr oder weniger großen Isolierung herausgelöst wird.

Forschungsberichte des Wirtschafts- und Verkehrsministeriums Nordrhein-Westfalen

1 Wesen und Bedeutung

Ein Gesenkschmiedestück ist ein Werkstück, das durch Umformung im warmen Zustand mittels mehrerer als Gegenstück ausgebildeter Werkzeuge, den Gesenkteilen, hergestellt wird. Dabei sind grundsätzlich drei Fälle zu unterscheiden:

1. Schmieden im geschlossenen Gesenk
2. Schmieden im Gesenk mit Gratspalt
3. Schmieden im offenen Gesenk

Die Gesenke können zweiteilig oder mehrteilig sein (s. Abb. 1) (1). Beim Schmieden im Gesenk mit Gratspalt entsteht durch überschüssigen Werkstoff Grat. Dieser muß vorhanden sein, denn er bewirkt durch seine Bremswirkung erst, daß die Form vollständig mit Werkstoff gefüllt wird. Zur Entfernung des Grates ist ein besonderer Arbeitsgang, das Abgraten, erforderlich.

Jedes Werkzeugteil überträgt seine Form und gegenseitige Lage auf das Werkstück. Beim Hammerschmieden z.B., das hier untersucht werden soll, sind dessen Maße daher immer gebunden, wenn nicht ein Gesenk ohne Aufschlagflächen verwandt wird. In diesem Fall ist das Maß der Dicke H' entsprechend Abbildung 2 frei. Ebenso maßfrei ist der Versatz V, dem bei unseren Toleranzuntersuchungen besondere Bedeutung zukommen wird (Abb. 2 und 3). (Das Fehlerbild für dreiteilige Gesenke gilt dabei auch für die Waagerecht-Stauchmaschine). Ein anderer Einfluß auf die Genauigkeit ist die Arbeitszuführung, die grundsätzlich mit maßgebundenen (Kurbelpresse) und maßfreien (hydr. Presse und Hammer) Umformmaschinen erfolgen kann. Auch der Einfluß der Blöckchengröße, also der eingesetzten Werkstoffmenge, auf die Genauigkeit darf hier nicht unerwähnt bleiben. Er macht sich jedoch in erster Linie beim Schmieden unter der Kurbelpresse bemerkbar.

11 Arten der Genauigkeit-Gütestufung

Die heute geltenden deutschen und ausländischen Gesenkschmiede-Normen (s. Abschnitt 15) kennen nur zwei Gütestufen: Normal- und Genauschmiedestücke. Nicht erfaßt sind darin die gewöhnlichen Schmiedestücke ohne Toleranzangabe sowie solche, die mit noch engeren Toleranzen als die Genauschmiedestücke hergestellt werden. Alle diese Genauigkeitsstufen sollten jedoch in _einer_ Ordnung zusammengefaßt werden, damit die Grenzen der Genauigkeit nach beiden Seiten hin abgesteckt sind. Ein Vorschlag hierfür wird am Ende dieses Abschnittes gemacht werden.

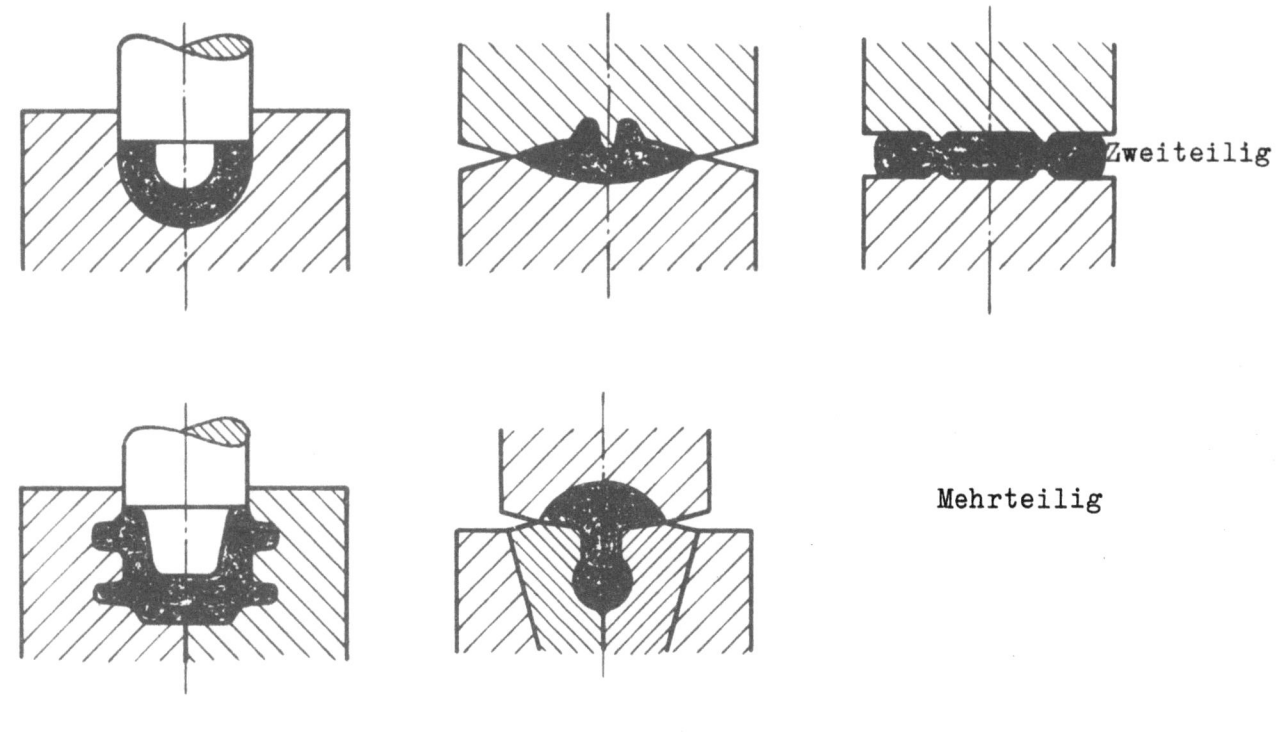

1. Geschlossen   2. Mit Gratspalt   3. Offen

Abbildung 1

Grundformen von Schmiedegesenken

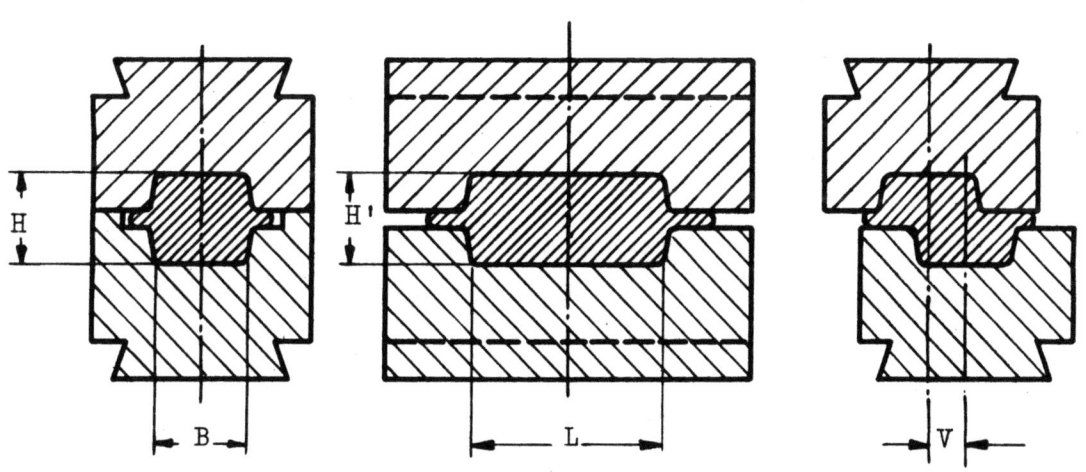

B = Breite   L = Länge   H = Dicke mit Aufschlagfläche   V = Versatz
oder Durchmesser D   H'= Dicke ohne Aufschlagfläche
(B, L, D, H = maßgebunden; V, H' = maßfrei)

Abbildung 2

Wichtigste Toleranzmaße bei Gesenkschmiedestücken

Forschungsberichte des Wirtschafts- und Verkehrsministeriums Nordrhein-Westfalen

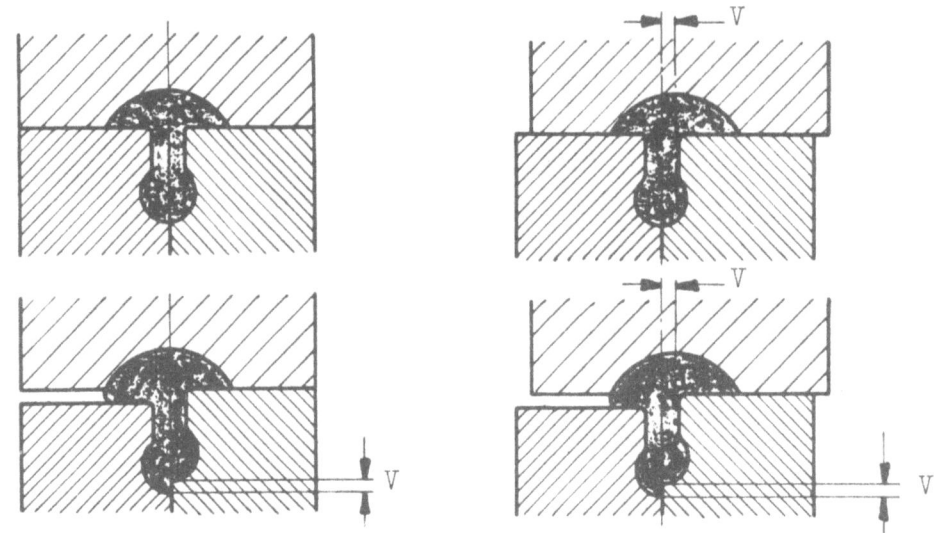

Abbildung 3
Versatz in einem dreiteiligen Gesenk für einen
rotationssymmetrischen Körper

Die Genauigkeitsvorschriften für die geometrischen Eigenschaften von Gesenkschmiedestücken sollten Abweichungen in folgenden vier Hinsichten (2,3) umfassen:

111 Längenmaße einschließlich Durchmesser
112 Form: Ebenheit, Rundheit
113 Lage: Parallelität, Winkligkeit, Mittigkeit, Symmetrie, Mittenentfernung, Versatz
114 Oberflächenrauheit: Zulässige Tiefe von Rissen,
zulässige Höhe von Graten usw.

Genormte Vorschriften bestehen z.Zt. nur für die Maßtoleranzen der Normal- und Genauschmiedestücke. Form- und Lagegenauigkeit sind - außer für den Versatz - nur vereinzelt für Sonderfälle vorgeschrieben (Mittenabstand von Augen (4), Krümmung von Achsen und Wellen (5)). Grundregeln für Form- und Lagetoleranzen sollten daher etwa in Anlehnung an die Maßtoleranzen aufgestellt werden. Z.B. werden heute schon Formgenauigkeiten von 1o - 2o μ beim Schmieden von Gasturbinenschaufeln eingehalten (6). Als Stufensprung zwischen den einzelnen Genauigkeitsstufen wird entsprechend den ISA-Grundtoleranzen $\varphi = 1,6$ vorgeschlagen; in den vorliegenden Gesenkschmiedenormen ist dieser Vorschlag allerdings noch nicht verwirklicht. Für den Konstrukteur muß die Freiheit bestehen, für verschiedene Stellen am gleichen Werkstück verschiedene Genauigkeiten vorzuschreiben (3,7). Jede Toleranz sollte aus wirtschaftlichen und technischen Gründen so groß bemessen werden, daß eine Überschreitung das Stück wirklich unbrauchbar macht. (Für Gesenkschmiedestücke: Abmessungen für Spannflächen, Gratansatz, Versatz, zu kleine Bearbeitungszugabe.) Für nichttolerierte Maße sollten Freimaßtoleranzen gelten, die auch auf die gewöhnlichen Schmiedestücke angewandt werden können (CLARKE (8) schlägt als Freimaßtoleranz 3 mm/1oo mm vor). Bei der Wahl der Genauigkeitsstufe ist zu beachten, daß die Kosten mit höherer Güte hyperbolisch anwachsen (2).

Die zulässigen Abweichungen für Gesenkschmiedestücke sind im allgemeinen auf ein Los bezogen zu verstehen; das heißt, die Maße e i n e s Loses dürfen innerhalb der vorgesehenen Grenzen schwanken. Für ein Stück gelten die Toleranzen dann, wenn keine besonderen Formtoleranzen gefordert werden (Abb. 4). Für die Einteilung der Gesenkschmiedestücke mit verschiedener Herstellgenauigkeit in verschiedene Genauigkeitsstufen wird nachstehender Vorschlag gemacht:

T a b e l l e 1

Vorläufiger Vorschlag für Güteklassen und Genauigkeitsstufen für Gesenkschmiedestücke

Güteklasse		Genauigkeitsstufe	Bezeichnung	Toleranzen
1	Gepflegte Genauigkeit	ef	Schmiedestücke mit besonderen Genauigkeitsforderungen	von Fall zu Fall
		f	Genauschmiedestücke	genormt
		m	Normalschmiedestücke	genormt
2	Natürliche Genauigkeit	g	Gewöhnliche Schmiedestücke	ohne bzw. Freimaßtoleranzen

Danach sollten grundsätzlich zwei Güteklassen unterschieden werden. Eine Genauigkeit nach Güteklasse 1 nennt KIENZLE eine "gepflegte" Genauigkeit, weil ihre Einhaltung bewußte Maßnahmen erfordert. Bei Stücken mit "natürlicher" Genauigkeit - Güteklasse 2 - sind derartige Maßnahmen nicht erforderlich. Zur Güteklasse 1 gehören die bisher gebräuchlichen Genau- und Normalschmiedestücke sowie Stücke mit noch engeren Toleranzen, zur Güte-

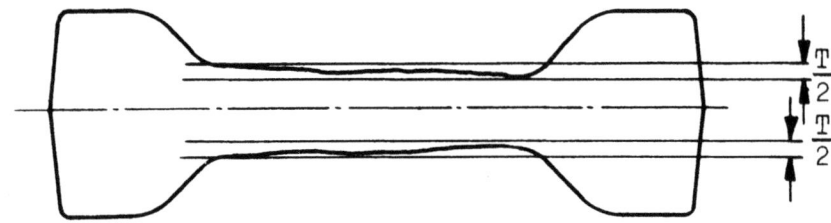

Abbildung 4

Formabweichung und Formtoleranz an einem Gesenkschmiedestück

klasse 2 alle Schmiedestücke ohne Genauigkeitsforderungen, die einen erheblichen Prozentsatz der gesamten Erzeugung ausmachen.

Die Kennzeichnung der Genauigkeitsstufen mit den Buchstaben f (fein), m (mittel), g (grob) entspricht der im deutschen Toleranzwesen üblichen Handhabung. Für Normal- und Genauschmiedestücke sind die Kennbuchstaben m und f bereits in DIN 7524 verwendet. Lediglich für Schmiedestücke mit besonderen Genauigkeitsforderungen wird die Kennzeichnung "ef" vorgeschlagen.

Für die einzelnen Genauigkeitsstufen wird die Anwendung folgender Vorschriften ins Auge gefaßt (Tabelle 2):

Tabelle 2

Genauigkeitsvorschriften für Gesenkschmiedestücke

Güte-klasse	Vorschrift über Genauigkeitsstufe	Maß-	Form-genauigkeit	Lage-	Oberflächen-rauheit
1	ef	x	x	x	x
1	f	x	x	x	-
1	m	x	x$^{x)}$	x	-
2	g	-	-	-	-

$^{x)}$ Form- und Lagevorschriften sind außer für den Versatz in der Regel nicht für die Genauigkeit m vorgesehen. In Ausnahmefällen können sie entsprechend Genauigkeit f gegeben werden. Maßgebend für Zuordnung in Stufe m sind nur die Maßtoleranzen.

Mit den Vorschlägen nach Tabelle 1 und 2 ist der vorläufige Rahmen für eine Ordnung der Gesenkschmiedestücke nach ihrer Genauigkeit umrissen.

Forschungsberichte des Wirtschafts- und Verkehrsministeriums Nordrhein-Westfalen

12 Maßtoleranzen einschließlich Versatztoleranzen

Toleranzen für die Maße eines Gesenkschmiedestückes sind wie andere Längentoleranzen zu behandeln. Das gilt jedoch nur, wenn kein Versatz zu berücksichtigen ist.

Soweit eine Gesenkform auf mehrere Gesenkteile verteilt ist, muß mit Versatz eines Formteiles gegenüber dem oder den anderen gerechnet werden (Abb.. 2 und 3). Im häufigsten Fall von zwei Gesenkformen (Ober- und Untergesenk) wählt man je einen Punkt P_1, P_2 der durch die Gesenkfuge abgegrenzten Schmiedestückteile derart, daß die beiden Punkte bei fehlerfreier Lage der Teile auf ein und demselben Lot zu einer Ebene senkrecht zur Schlagrichtung liegen. Alsdann projiziert man die Punkte aus ihrer wirklichen Lage auf diese Ebene. Dann ist der Versatz V der Abstand dieser beiden projizierten Punkte (Abb. 5).

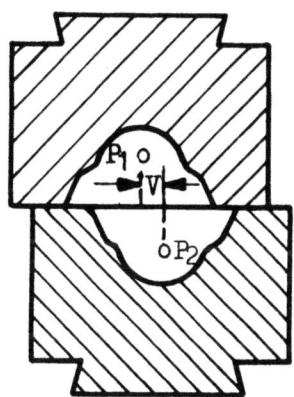

A b b i l d u n g 5

Der zulässige Versatz V ist als Versatztoleranz festzulegen. Bei symmetrischen Teilen, deren Symmetrieebene die Schlagrichtung enthält, entspricht sie einer Symmetrietoleranz. Hier zeigen sich Parallelen zu dem Versatz an Bohrungen, Wellen usw. (Abb. 6). Sind dort jedoch zwei Abschnitte eines Werkstückes gegeneinander verschoben, so sind beim Gesenkschmieden die Hälften einer Querschnittsfläche gegeneinander versetzt. Insofern nimmt der Versatz beim Gesenkschmieden eine Sonderstellung ein.

Soll nun aus einem Gesenkschmiedestück ein Fertigteil durch Abspanen mit dem Fertigmaß a_f hergestellt werden, so muß an jeder bearbeiteten Stelle eine Mindest-Bearbeitungszugabe (kurz: Mindestzugabe) Z_k vorhanden sein. Die Zusammenhänge mit dem Versatz werden im Folgenden erläutert:

Forschungsberichte des Wirtschafts- und Verkehrsministeriums Nordrhein-Westfalen

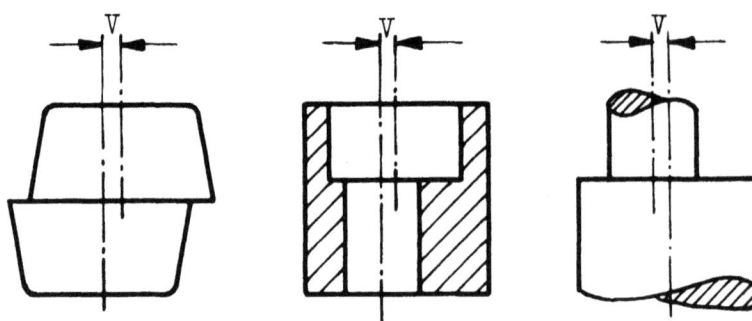

Abbildung 6
Versatz beim Gesenkschmieden, Bohren und Drehen
als Symmetrieabweichung

121 Versatz V = 0 (Abb. 7)

Die Schmiedetoleranz für ein Maß sei in bekannter Weise T. Wird das betreffende Maß als Schmiede-Nennmaß oder Roh-Nennmaß a_{r_N} bezeichnet, so sind sein Größt- und sein Kleinstmaß:

$$a_{r_g} = a_{r_N} + T$$

$$a_{r_k} = a_{r_N}$$

Für die Zugabe ergibt sich, da sie nur auf e i n e Seite bezogen ist,

$$Z_g = \frac{a_{r_g} - a_f}{2}$$

$$Z_k = \frac{a_{r_k} - a_f}{2}$$

Die Toleranz (Schwankung) der Zugabe ist dann:

$$T_Z = Z_g - Z_k = \frac{a_{r_g} - a_{r_k}}{2} = \frac{T}{2}$$

Mit Worten: Ist der Versatz V = 0, so ist die Toleranz der Zugabe auf einer Bearbeitungsseite gleich der halben Maßtoleranz. Die Größtzugabe, mit der der Bearbeiter zu rechnen hat, ist

$$Z_g = Z_k + \frac{T}{2}$$

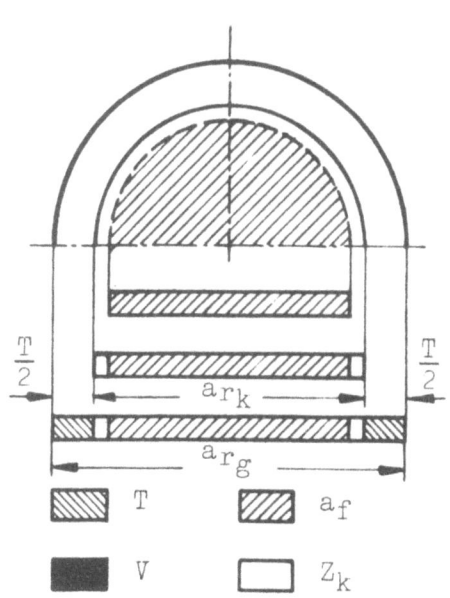
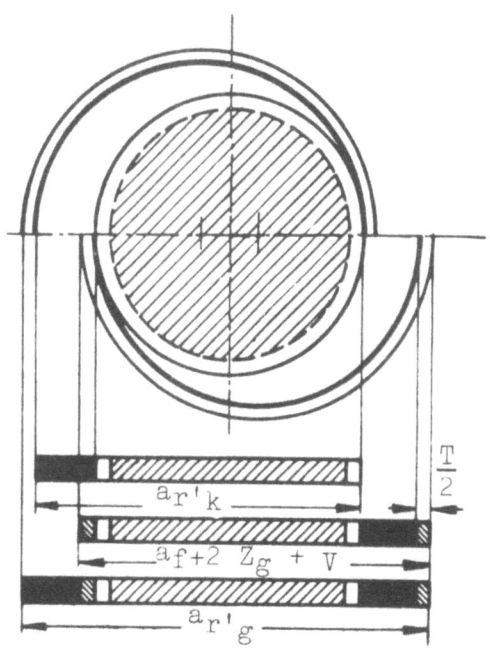

T = Schmiedetoleranz
V = Versatz

a_f = Fertigmaß
Z_k = Mindest-Bearbeitungszugabe

für V = 0

$$a_{r_k} = a_f + 2 Z_k$$
$$a_{r_g} = a_f + 2 Z_k + T$$
$$= a_f + 2 Z_g$$
$$T_z = Z_g - Z_k = \frac{T}{2}$$

für V > 0

$$a_{r_k}' = a_f + 2 Z_k + V$$
$$= a_f + 2 Z_k'$$

Über versetzte Kanten gemessen:

$$a_{r_g}' = a_f + 2 Z_g + 2V$$
$$= a_f + 2 Z_k + T + 2V$$

$$T_z = \frac{a_{r_g}' - a_{r_k}'}{2} = \frac{T}{2} + V$$

Abbildung 7
Zugaben, Roh- und Fertigmaße am Gesenkschmiedestück ohne Versatz

Abbildung 8
Zugaben, Roh- und Fertigmaße am Gesenkschmiedestück mit Versatz

122 Versatz V > 0 (Abb. 8)

Damit die Mindestzugabe Z_k an jeder Stelle gewährleistet ist, muß zum Fertigmaß auf jeder Seite ein größerer Mindestbetrag Z_k' zugegeben werden und zwar größer um den halben zulässigen Versatz. Bei der Bemaßung ist dann als Kleinstzugabe Z_k' einzutragen, so daß das gemessene und noch zulässige Kleinstmaß an einer Werkstückhälfte wird:

$$a_{r_k}' = a_f + 2 Z_k' = (a_f + 2 Z_k) + V_{zul} = a_{r_k} + V_{zul}$$

Die Maße der Gesenkschmiedestücke eines Loses schwanken dann zwischen dem Schmiedegrößtmaß a_{r_g}', das, über versetzte Kanten gemessen, bei größtem Versatz eintreten kann, und dem Schmiedekleinstmaß a_{r_k}', das bei Stücken auftritt, die wegen der Versatzmöglichkeit die Kleinstzugabe Z_k' haben, aber ohne Versatz ausgefallen sind.

In diesem Sinne ist die gesamte Toleranz über versetzte Kanten gemessen:

$$T_{ges} = T + V$$

Die insbesondere beim Abspanen in Erscheinung tretende Zugabeschwankung T_z ist:

$$T_z = \frac{T}{2} + V \text{ (halbe Maßtoleranz + Versatz)} \quad \text{(Abbildung 8)}$$

13 Einflüsse auf die Genauigkeit beim Gesenkschmieden

Für die Herstellung von Gesenkschmiedestücken gibt es hinsichtlich der anzuwendenden Arbeitsfolgen grundsätzlich drei Möglichkeiten. Es können angewandt werden:

1. Ausschließlich Gesenkschmieden
2. Einmaliges Gesenkschmieden (unter Umständen in mehreren Operationen) und nachgeschaltete Arbeitsgänge
3. Zwei- oder mehrmaliges Gesenkschmieden mit anderen Arbeitsgängen abwechselnd.

Zusätzliche Arbeitsgänge, die mit dem Gesenkschmieden verbunden werden, sind sowohl solche der Umformung als auch des Trennens. Sie dienen einmal zur Erzielung größerer Maßhaltigkeit an bestimmten Flächen (Maßprägen, Richten), zum anderen zur Erzielung möglichst fehlerfreier Oberflächen. So werden in Amerika (9) z.B. Schaufeln für Gasturbinen aus warmfesten Legierungen nach folgendem Verfahren hergestellt:

Zwischen wiederholtem Schmieden im Gesenk, verbunden mit jedesmaligem Wärmen, werden die Stücke abgegratet, auf der ganzen Fläche mit Stahlkies bestrahlt und schließlich geschliffen. In den einzelnen Stufen der Umformung steht dadurch immer eine völlig fehlerfreie Oberfläche zur Verfügung. Nach dem letzten Schmieden werden die Schaufeln nur noch poliert. (Toleranzen: Dicke 0,25 mm, Winkel 1°, Form 0,15 mm).

Die dreierlei Arbeitsfolgen ergeben Gesenkschmiedestücke unterschiedlicher Genauigkeit. In Abbildung 9 ist eine schematische Übersicht über die möglichen Arbeitsfolgen und ihre Genauigkeit gegeben. Danach können auf Grund der verschiedenen Arbeitsfolgen die Gesenkschmiedestücke in den schon im vorigen Abschnitt genannten vier Genauigkeitsstufen ausfallen.

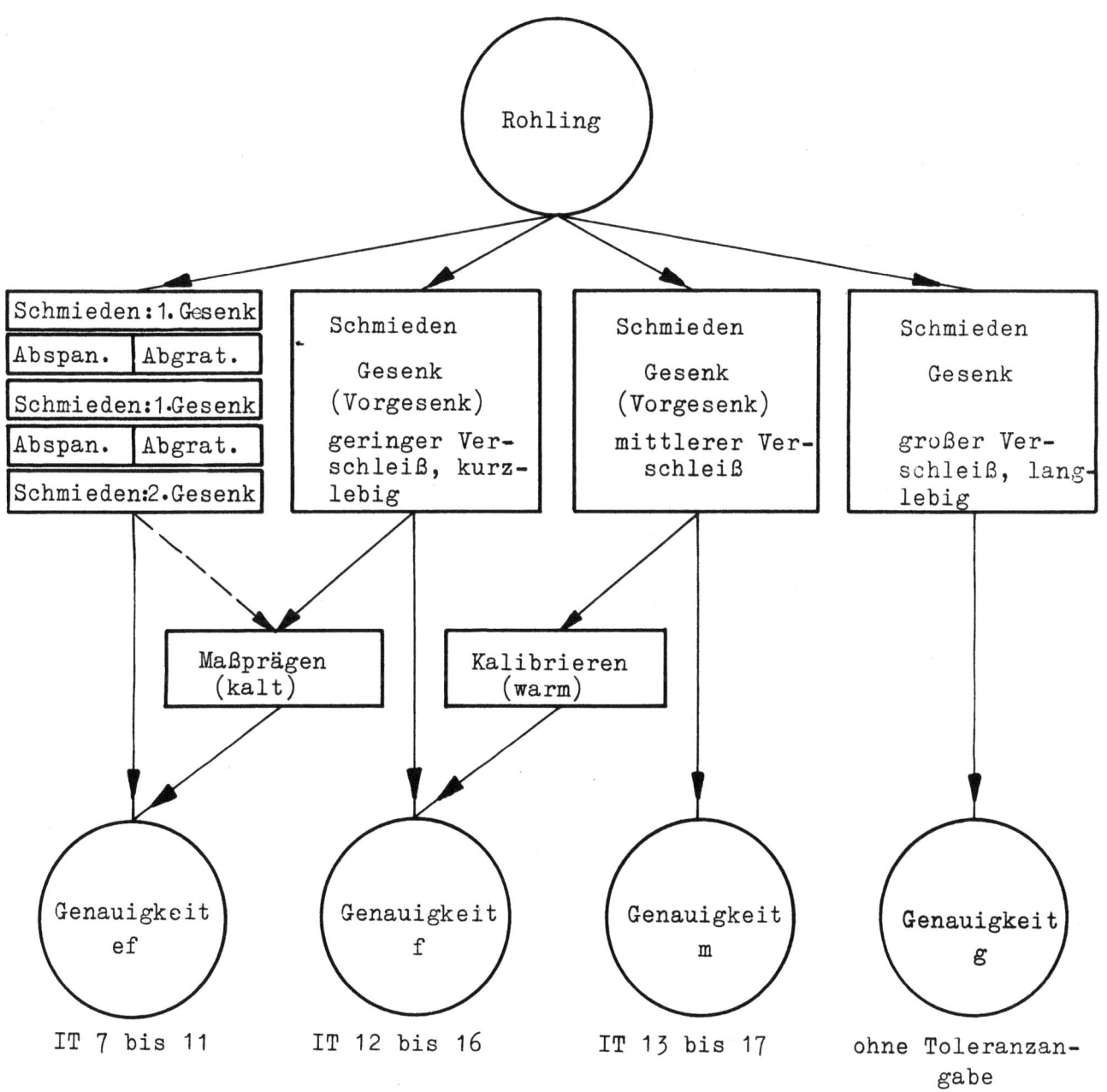

Abbildung 9
Genauigkeitsstufen beim Gesenkschmieden

Forschungsberichte des Wirtschafts- und Verkehrsministeriums Nordrhein-Westfalen

Die zum Vergleich angeführten ISA-Qualitäten zwischen IT 7 und 17 beweisen, daß die Spanne der Gesenkschmiedegenauigkeit vom Fertigteil bis zum Rohteil reicht.

Beim Gesenkschmieden hängt nun die Genauigkeit der Werkstücke außer von sachlichen Voraussetzungen - wie auch sonst - vom Können und der Sorgfalt des Menschen ab. Diese Eigenschaften treten erstens bei vorbereitenden Arbeiten (Werkzeuggenauigkeit, Ofenführung, Maschinenpflege) und zweitens beim Schmieden selbst zutage. Erwartet werden:

    Beherrschung der Umformgesetze und Gestaltungsregeln,
    Beherrschung der Werkzeugherstellung,
    Gute metallurgische Kenntnisse,
    Handwerkliches Können,
    Ruhiges und sorgfältiges Handeln,
    Gute Beobachtungsgabe und gutes Auffassungsvermögen,
    Fingerspitzengefühl,
    Verantwortungsbewußtes Beseitigen jedes ungünstigen Einflusses.

Schon beim Entwurf des Schmiedestückes kann durch schmiedegerechte Gestaltung der zu erwartende Gesenkverschleiß stark herabgedrückt werden, wie es am Beispiel der Kupplungslasche in Abbildung 1o gezeigt ist. Das ist außerordentlich wichtig, wenn man bedenkt, daß rd. 37 % aller Schmiedegesenke durch Verschleiß oder Verformung unbrauchbar werden (11). Auch einseitiger Schub läßt sich durch konstruktive Maßnahmen häufig vermeiden (Abb. 11), wodurch ein späteres Wandern der Gesenke und damit größerer Versatz von vornherein verhindert wird.

Die sachlichen Voraussetzungen umfassen folgende fünf Punkte:

    Werkstückstoff und Rohmaße, Arbeitsfolge, Ofen (Wärmen) und
    Förderung vom Ofen zum Hammer, Werkzeuge, Umformmaschine.

Der Einfluß aller dieser Größen auf die Schmiedegenauigkeit ist aus dem Schema der Abbildung 12 zu ersehen, welches die vielfältige Verknüpfung der einzelnen Einflüsse, die unmittelbar oder mittelbar auf das Schmiedestück wirken können, zeigt. So beeinflußt z.B. die Größe des Zuschnitts, die Art der Vorform oder ein sorgfältiges Schmieden mit Zwischenabgraten oder Zwischenentzundern unmittelbar den Verschleiß des Gesenkes, dieser selbst wiederum unmittelbar die Maßhaltigkeit der Stücke innerhalb eines Loses; also hat die Art der Vorform einen mittelbaren Einfluß auf die Maßhaltigkeit der geschmiedeten Teile.

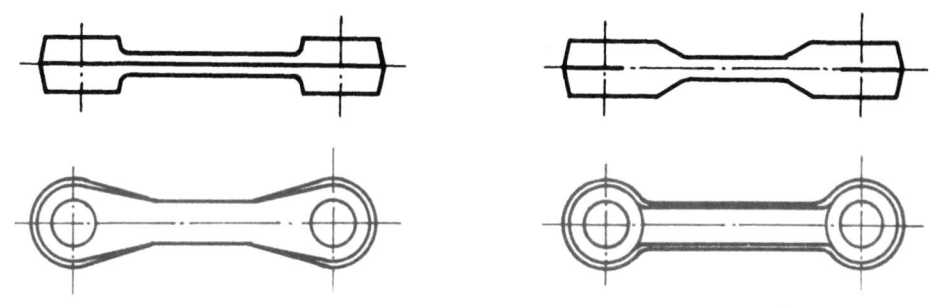

scharfe Kanten
großer Verschleiß

fließgerechte Gestaltung
geringer Verschleiß

Abbildung 10

Konstruktive Gestaltung von Gesenken in Bezug auf den Gesenkverschleiß (10)

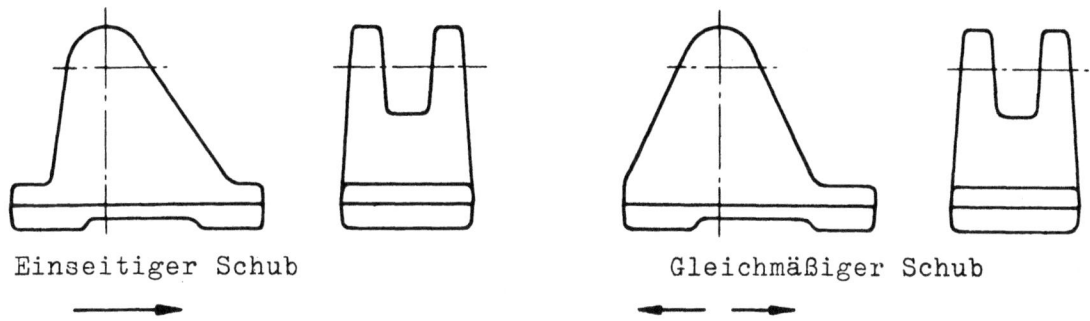

Einseitiger Schub

Gleichmäßiger Schub

Abbildung 11

Konstruktive Gestaltung von Gesenken in Bezug
auf das Wandern der Gesenke (nach ERKENS (10))

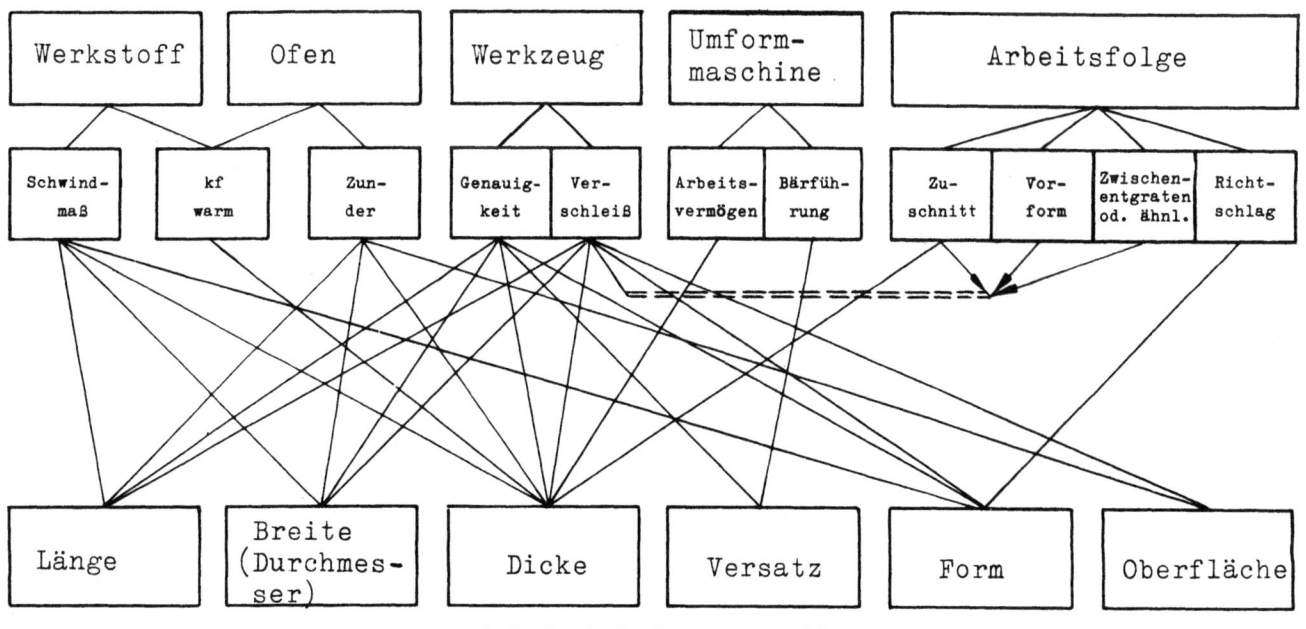

Abbildung 12

Einflüsse auf die Genauigkeit von Gesenkschmiedestücken

Schematische Darstellung

—————— unmittelbare Verknüpfung   ==== mittelbare Verknüpfung

Forschungsberichte des Wirtschafts- und Verkehrsministeriums Nordrhein-Westfalen

Im einzelnen sind folgende Forderungen an die sachlichen Einflußgrößen zu stellen:

131 Werkstückstoff und Rohmaße

Freiheit von Oberflächenfehlern, ggf. Entfernung der obersten Werkstoffschicht vor dem Schmieden, homogenes Gefüge, einwandfreier Faserverlauf (12), Einhaltung der Analysenvorschriften besonders auch insichtlich P und S (12), kleine Maßabweichungen beim Sägen von Blöckchen.

132 Arbeitsfolge

Stufenweises Anpassen der Ausgangsform des Werkstoffes an die Schmiedestückform, richtige Gestaltung von Vorform und Fertigform (in der Fertigform soll der Werkstoff möglichst nicht mehr an der Gesenkwand gleiten[1]), schnelle Folge der einzelnen Arbeitsgänge zwecks Schmieden im richtigen Temperaturbereich.

133 Ofen (Wärmen) und Förderung vom Ofen zum Hammer

Gute Temperaturregelbarkeit, gleichmäßige Ofenführung und Wärmzeit, zweckmäßig Stoßbetrieb (13, 14, 15), gleichmäßige Ziehtemperatur, ggf. zunderfreies Wärmen (Muffelofen, Selasofen, Schutzgas, induktives Wärmen), kurzer Weg vom Ofen zum Hammer.

134 Werkzeuge

Herstellgenauigkeit $\pm$ 0,2 bis $\pm$ 0,1 mm und enger[2] (15, 16), saubere, riefenfreie Oberflächen, ggf. Sonderbehandlung, wie elektrolytisches Polieren, Hartverchromen, Nitrieren (13, 14), richtige Festigkeit, schmiedegerechte Gestaltung (13, 14, 15, 17).

135 Umformmaschine

Große Steifigkeit, gute Führungsgenauigkeit und Einstellbarkeit (14, 18), richtige Größe (Arbeitsvermögen), gute Regelbarkeit hinsichtlich Arbeitsvermögen und Geschwindigkeit.

Zu den genannten Forderungen mag von Fall zu Fall noch die eine oder andere hinzukommen, doch zeigt die Aufstellung immerhin, wieviel Gesichtspunkte bei erhöhten Anforderungen an die Gesenkschmiedegenauigkeit zu beachten sind.

---

1. siehe Abschnitt 33
2. siehe Abschnitt 31

Forschungsberichte des Wirtschafts- und Verkehrsministeriums Nordrhein-Westfalen

14 Stoffzugaben und ihr Einfluß auf die Fertigungsverfahren

Vom Verbraucher aus gesehen ist die zu fordernde Genauigkeit der Gesenkschmiedestücke vom Verwendungszweck, von der Art der Weiterbearbeitung und der Wirtschaftlichkeit abhängig. Dabei spielt die Wirtschaftlichkeit eine entscheidende Rolle, so daß es sich in der Praxis meist darum handelt, die vom Verfahren her mögliche mit der vom Abnehmer benötigten Genauigkeit abzugleichen. Das Kriterium dafür bilden die Kosten für das fertig bearbeitete Stück, d.h. die Summe der Kosten von Gesenkschmieden und Abspanen, bezogen auf das einzelne Stück.

Das Gesenkschmieden mit "gepflegter" Genauigkeit ermöglicht die Herstellung von Werkstücken unter dem Gesichtspunkt Rohteil - Fertigteil auf folgende Weise:

1. Rohteil entspricht Fertigteil. Kein Abspanen. } Nur Oberflächenveredlung
2. Rohteil mit allseitiger geringer Bearbeitungszugabe für Schleifen oder Polieren.

3. Rohteil mit möglichst wenig Bearbeitung; Bearbeitungszugaben nur an bestimmten Stellen. (Als Bearbeitungszugabe wird auch eine Stoffzugabe an kalt nachzuprägenden Stellen angesehen, obgleich der Stoff hier nicht abgehoben, sondern verdrängt wird). } Maßliche Bearbeitung
4. Rohform ganz zu bearbeiten; allseitige Bearbeitungszugabe.

Im Gegensatz zur Bearbeitungszugabe z.B. an einer vorgedrehten Welle, die eindeutig festliegt, geht nun beim Gesenkschmieden darin eine Reihe meist veränderlicher Größen ein. Die Zugabe Z setzt sich daher zusammen aus

$$\text{Mindestzugabe } Z_k + \text{halbe Schmiedetoleranz } \frac{T}{2}$$
$$+ \text{Seitenschräge}$$
$$+ \text{Versatz V}$$
$$+ \text{Gratansatz g}$$

Durch gute Bärführung, genaue Gesenkherstellung und sauberes Abgraten lassen sich Versatz und Gratansatz klein halten. Die Seitenschräge kann bei gewissen Verfahren vermieden werden, z.B. beim Stauchen auf der Waagerecht-Stauchmaschine. Auch lassen sich durch Änderung des Verfahrens unter dem Hammer Flächen ohne Seitenschräge erzielen (Abb. 13). Damit

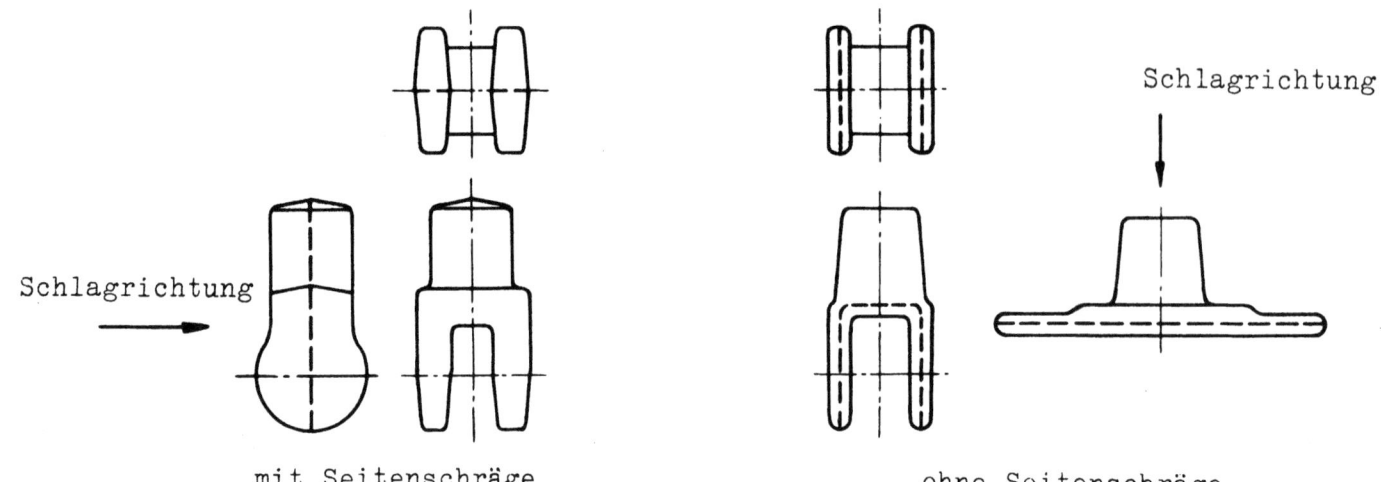

Abbildung 13
Schmieden eines Gabelkopfes mit und ohne Seitenschräge an der Gabel

kann die Zugabe im wesentlichen um die halbe Schmiedetoleranz schwanken. Die Größe der Zugabe beeinflußt dabei die Toleranz; es erscheint sinnlos, letztere kleiner als 20 % von $2 \cdot Z_k$ zu wählen, das sind bei $Z_k = 1,5$ mm 0,6 mm [3]. Es besteht damit ein Zusammenhang zwischen Bearbeitungszugabe und Schmiedetoleranz derart, daß bei kleinen Zugaben auch kleine Toleranzen zu wählen sind.

Die Bearbeitungszugabe ist von werkstofftechnischen, zerspanungstechnischen und spanntechnischen Gesichtspunkten abhängig. Grundsätzlich sollten so wenig wie möglich Flächen an einem Stück bearbeitet werden. <u>Ziel des Gesenkschmiedens ist die Herstellung der Werkstückfertigform mit möglichst geringer Bearbeitungsnotwendigkeit.</u>

141 Werkstofftechnische Gesichtspunkte

Die Oberfläche von Gesenkschmiedestücken weist häufig Fehler in Form kleiner Risse, Zunder-, Schlackeneinschlüsse oder durch Schmieden an die Oberfläche gebrachter Seigerungen usw. auf. Weiter tritt eine gewisse Randentkohlung beim Wärmen auf. Nach Firmenangaben weist das Stangenmaterial bereits bei der Anlieferung vom Walzwerk eine entkohlte Zone von 0,2 bis 0,3 mm auf. Beim Wärmen und bei der Warmbehandlung wurde eine Vergrößerung dieser Zone auf 0,5 mm Schichtdicke beobachtet. Eigene Versuche konnten

---

3. In dieser Größenordnung liegen auch die kleinsten Toleranzen n. DIN 7524 Blatt 1

diese Beobachtung bestätigen[4]. Auch können die Oberflächenschichten des Stahls im Ofen verbrannt oder überhitzt werden. Damit nun die einwandfreie Erfüllung der Funktion des Fertigteils gewährleistet ist, muß soviel Stoff zugegeben werden, daß nach dem Abspanen gesunder Werkstoff für die weitere Behandlung - Härten, Vergüten, Einsetzen, Nitrieren - zur Verfügung steht. Eine Mindestzugabe von 1,5 bis 2 mm auf jeder Fläche wird hierfür als notwendig erachtet (19); diese Zugabe erscheint jedoch recht hoch.

Weniger als 1 mm sollte aber nur dann zugegeben werden, wenn besondere Vorkehrungen zur Erhaltung des Gefüges der Randzone (z.B. entkohlungsfreies Wärmen in Schutzgas) getroffen werden. Absichtlich groß gewählte Bearbeitungszugaben kommen bei Schmiedestücken aus legierten Stählen in Frage. Diese weisen häufig Oberflächenhaarrisse auf, die durch zu kaltes Schmieden entstehen.

142 Zerspanungstechnische Gesichtspunkte

Die Bemessung der Bearbeitungszugaben beim Gesenkschmieden unter dem Gesichtspunkt der Wirtschaftlichkeit der Bearbeitung hat in der letzten Zeit zu immer geringer werdenden Werten geführt. Es gibt jedoch eine Grenze, unter der ein einwandfreies Abspanen nicht mehr möglich ist.

Eine führende deutsche Automobil-Fabrik gibt eine günstigste Spanschicht von 1,0 ± 0,2 mm an, eine andere erachtet bei Abnahme eines Spans mindestens 1,5 mm, bei Abnahme von 2 Spanschichten 2 mm je Fläche als notwendig. Eine Werkzeugmaschinenfirma empfiehlt, nicht unter 0,3 mm je Fläche zu gehen, damit die Werkzeuge nicht nur kratzen. Eine allgemein gültige Regel läßt sich dafür selbstverständlich nicht nennen. Im Einzelfall kommt es immer auf das Verfahren und den Stoff an. Alle Angaben spiegeln die Forderung, die an die Bearbeitungszugaben zu stellen sind, wider: sie müssen erstens das Abspanen mit möglichst nur einem Arbeitsgang (Feindrehen usw.) erlauben und zweitens eine einwandfreie Spanbildung ermöglichen. Die Herabminderung der Zugaben auf Schleifzugaben von etwa 0,2 mm

---

4. Stahlzylinder 35 ∅ mit 0,1 % C wurden im gasbeheizten Schmiedeofen auf 1100-1200°C erwärmt und verschieden lange (3,5 bis 6,5 min) bei dieser Temperatur gehalten. Nach dem Ziehen wurden sie in einer Stickstoffatmosphäre abgekühlt. Die metallographische Auswertung der danach angefertigten Schliffe ließ noch in einer Tiefe von 0,6 mm eine Entkohlung erkennnen.

ist denkbar, wenn die Schmiedetoleranzen vielleicht durch Kaltprägen entsprechend eng gehalten werden (9). Die an sich erstrebenswerte Vereinigung Gesenkschmieden - Schleifen als Fertigbearbeitung auf Maß ist - außer für Flachschleifen - nur selten möglich, weil bei den zu großen Schmiedetoleranzen die Schleifzeiten bei einem Los im Durchschnitt zu groß werden. Neuerdings sind jedoch Versuche unternommen, Gesenkschmiedestücke mit größeren und schwankenden Zugaben - bis etwa 1,5 mm - durch Schruppläppen oder Schruppschleifen auf Flachschleifmaschinen in einem Arbeitsgang fertig zu bearbeiten. Beim Läppen sind Genauigkeiten von IT 5 und enger bei günstigen Bearbeitungszeiten zu erreichen. Die Rauheit der fertig geläppten Flächen liegt unter 1μ. Beim Schruppschleifen lassen sich Genauigkeiten von 0,01 mm bei kleinen, geschlossenen Flächen (z.B. bei einem Teil mit 18 . 40 mm Grundfläche) und 0,02 mm bei größeren oder unterbrochenen Flächen (z.B. Stirnflächen einer Pleuelstange mit 320 mm Augenabstand) erzielen. Die Schleifgeschwindigkeit soll 24 bis 30 m/s, die Vorschubgeschwindigkeit höchstens 0,3 m/s und die Spanschicht 0,03 bis 0,05 mm betragen. Bei den genannten Beispielen ergeben sich damit Schleifzeiten von 10 s für das Teil mit 18 . 40 mm Grundfläche und 35 s für die Pleuelstange bei 2,5 mm Zugabe je Fläche. Diese soll jedoch im allgemeinen 2 mm nicht überschreiten.

Besondere Bedeutung kommt der Fertigbearbeitung von Gesenkschmiedestücken durch Räumen zu. Dabei ist sowohl Außen- als auch Innenräumen möglich. Räumwerkzeuge sind maßgebunden. Mit ihrer Konstruktion liegt der Spanquerschnitt fest. Es können daher nur maßhaltige Gesenkschmiedestücke durch Räumen fertigbearbeitet werden. Die Schwankung der Zugabe soll bei diesen möglichst klein gehalten werden; das ist möglich durch versatzfreies Schmieden (20). Die Bearbeitungszugabe sollte nicht mehr als 1,5 mm je Fläche bei einem Werkstück von 100 $\emptyset$ und 50 mm Länge betragen. Das gilt für Tiefenstaffelung der Räumwerkzeugzähne. Kann man jedoch Seitenstaffelung wählen (für ebene Flächen), so schaden größere Zugaben und Toleranzen nicht (21). Wirtschaftlich gesehen ist das Räumen von Gesenkschmiedestücken besonders günstig, weil die Teile in einer Aufspanung und in einem Arbeitsgang vom Rohteil ohne Zwischenstufen zum Fertigteil mit Arbeitsgenauigkeiten von IT 7 gemacht werden.

Der beim Abspanen störende Gratansatz (s. Abschnitt 426) bewirkt durch Stöße auf die Schneide häufig ein vorzeitiges Unbrauchbarwerden der

Werkzeuge. Dieser schädliche Einfluß kann durch geeignete Wahl der Arbeitsbedingungen vermieden bzw. abgeschwächt werden, z.B. beim Drehen durch richtige Drehrichtung (Abb. 14) oder auch durch Verwendung negativer Spanwinkel. In diesem Zusammenhang ist auch auf Formfehler der abgespanten Schmiedestücke, die durch die Schwankungen der Hauptschnittkraft infolge Schwankung der Schnittiefe entstehen können, hinzuweisen.

So ergibt sich zum Beispiel beim Abdrehen des Mittellagerbundes einer 450 mm langen Nockenwelle mit 0,6 mm Versatz (entsprechend Abbildung 17) mit je einem Schrupp- und Schlichtspan nach dem Schruppen eine Unrundheit von 70 μ , nach dem Schlichten von 0,4 μ aus der Durchbiegung der Welle infolge der Abdrängkraft. (Dabei ist natürlich auch die Steifigkeit der Werkzeugmaschine zu beachten). Man sieht daraus, daß ein zweiter Span hier unbedingt notwendig ist, damit das Werkstück überhaupt rund herauskommt[5].

Im Zusammenhang mit den in Abschnitt 141 und 142 genannten Erfahrungswerten für die Bemessung der Bearbeitungszugaben erscheint es nun noch notwendig, die in den Schmiedenormen verankerten Stoffzugaben zu überprüfen.

143 Stoffzugaben in den Normen

Richtlinien für die Bemessung der Stoffzugaben an Gesenkschmiedestücken finden sich nur in den deutschen und schwedischen[6] Schmiedenormen. Diese enthalten Angaben über Bearbeitungszugaben in Abhängigkeit vom Fertigmaß in der Größe von 1,5 bis 7,0 mm bzw. von 1,0 bis 4,0 mm je Fläche. Innerhalb der gemeinsamen Abmessungsbereiche stimmen beide Angaben recht gut überein. Zugaben unter 1 mm gehören danach zu den Sonderfällen. Es zeigt sich also eine gute Übereinstimmung zwischen Normen und Erfahrungswerten.

144 Gestaltungstechnische Gesichtspunkte

Nach den werkstofftechnischen und zerspanungstechnischen Gesichtspunkten ist nun noch die Gestaltung der Gesenkschmiedestücke, die sich auf das

---

5. Das genannte Beispiel ist im Anhang, Blatt 1, durchgerechnet.
6. Bei den schwedischen Normen handelt es sich um Werksnormen, die in gleicher Form von einer Reihe Firmen benutzt werden.

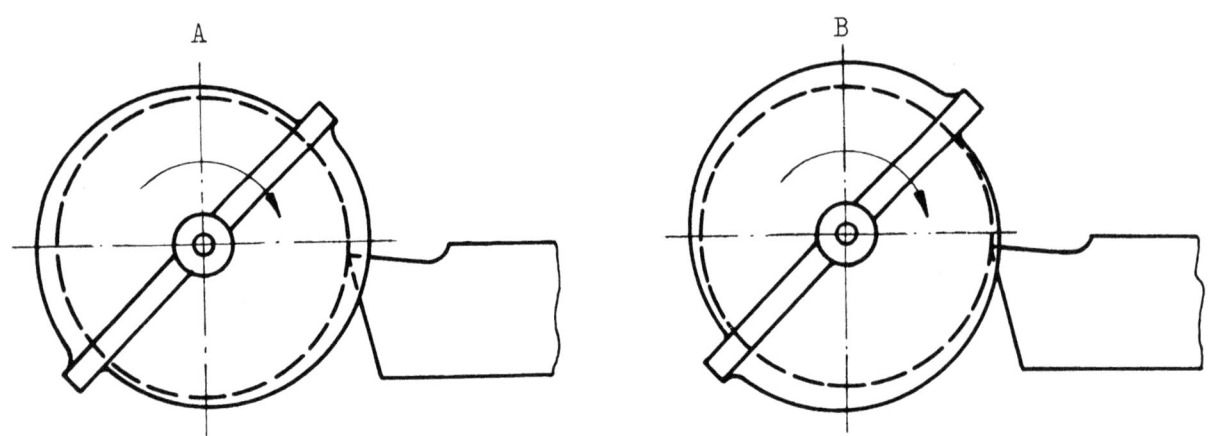

ohne Stoß auf Meißelschneide = günstig   mit Stoß auf Meißelschneide = ungünstig

Abbildung 14
Einfluß der Drehrichtung beim Abspanen von
Gesenkschmiedestücken mit Gratansatz

Zerspanen und besonders auch auf das Spannen auswirkt, zu behandeln. Will man die Bearbeitungszugaben an abzuspanenden Gesenkschmiedestücken möglichst klein halten, so wird man Bearbeitungsflächen möglichst nicht auf die Seitenflächen mit Gesenkschräge, Versatz und Gratansatz legen. Es sei hier auf das Schmieden von Gabelköpfen (Abbildung 13) verwiesen. Hierbei tritt allerdings bei der Herstellung durch Schmieden und Biegen die Aufgabe auf, den kegligen Zapfen zu spannen. Bearbeitungsgerechte Gestaltung kann also, wie dieses Beispiel zeigt, spanntechnische Schwierigkeiten mit sich bringen. Wir werden uns daher im Folgenden mit dem Spannen der Gesenkschmiedestücke und den dabei auftretenden Schwierigkeiten zu befassen haben.

145 Spanntechnische Gesichtspunkte

Die zu bearbeitenden Gesenkschmiedestücke sollten zumindest <u>eine</u> einwandfreie Auflagefläche haben, damit sie zwecks Einsparung von Nebenzeit rasch, sicher und lagegerecht gespannt werden können. Die Toleranzen derartiger Flächen bzw. paralleler Flächenpaare können durch Warmprägen auf etwa 1/4 derjenigen für Normalschmiedestücke herabgesetzt werden (22). Von den Spannzeugen müssen wir verlangen, daß sie auf die Maßbeschaffenheit der Gesenkschmiedestücke - Gesenkschräge und Maßtoleranzen - abgestimmt sind, d.h. auch bei Form- und Lageabweichungen eine ausreichende Einmittgenauigkeit gewährleisten. Bei langen, runden Teilen mit in Richtung der Längsachse verlaufender Gratnaht wird in erster Linie das Dreibackenfutter zu verwenden sein, während verwickelter gestaltete Teile in besonders ausgebildeten Futtern - meist Zweibackenfuttern - aufzunehmen sind.

Beim selbst einmittenden Dreibackenfutter (Planspiral-, Plankurven-, Keilstangenfutter oder kraftbetätigten Spannfutter (23)) liegen die Spannflächen der drei Spannbacken als Tangenten am Einmittkreis. Stimmt die Form des zu spannenden Teils genau mit diesem Einmittkreis überein, so wird dieses "mittig" gespannt, d.h. die Mittelpunkte von Werkstück und Einmittkreis fallen zusammen (Abb. 15). Ist das betreffende Teil

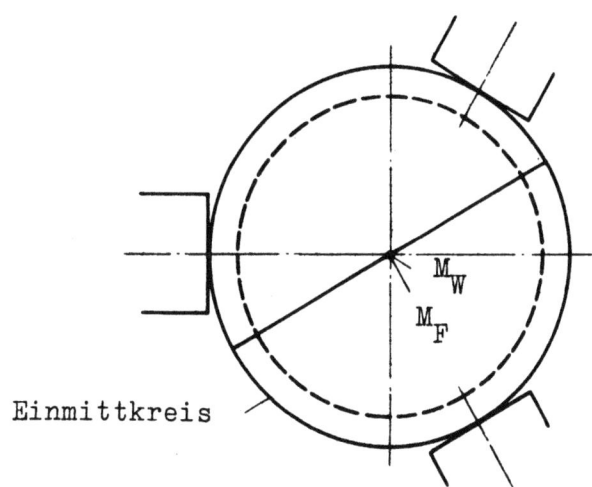

Einmittkreis

Mittelpunkte von Werkstück M_W und Einmittkreis M_F fallen zusammen

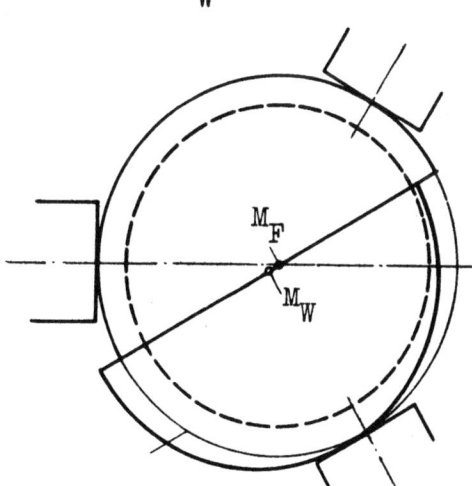

Mittelpunkt von Einmittkreis und Werkstück fallen nicht zusammen. Werkstück kann nicht richtig eingemittet werden

———————Rohteil　　　　－－－－－Fertigteil

A b b i l d u n g   15
Einfluß des Versatzes auf die Einmittgenauigkeit
gesenkgeschmiedeter Drehlinge

jedoch mit Versatz behaftet, so läßt es sich zwar durch entsprechendes Verdrehen in eine Lage bringen, in der alle drei Backen annähernd gleichmäßig anliegen, aber die Mittelpunkte von Werkstück und Einmittkreis fallen nicht mehr zusammen. Das bedeutet: Beim Abspanen ist über die durch den Versatz bedingte Schwankung der Schnittiefe hinaus mit einer noch größeren Schwankung zu rechnen. Dadurch kann die Unrundheit der Teile - im Gegensatz zum Beispiel im Anhang Blatt 1 - beim Abspanen noch größer werden. Diese Erkenntnis unterstreicht die Forderung nach möglichst versatzfreiem und formgenauem Schmieden, die in den vorangehenden Abschnitten bereits herausgearbeitet wurde.

Für schnelles Spannen in der Massenfertigung eignet sich besonders das kraftbetätigte Spannfutter, das meist pneumatisch, aber auch hydraulisch oder elektrisch betätigt wird. Derartige pneumatische Spannfutter haben z.B. für einen Spanndurchmesser von 150 mm 4 mm Hub je Backe. Damit können Gesenkschmiedestücke dieses Durchmessers als Normalschmiedestücke ohne weiteres gespannt werden (Summe aus Maß- und Versatztoleranz = 3,3 mm nach DIN 7524)[7].

Beim Spannen von Teilen mit Seitenschräge treten andere Schwierigkeiten auf, da sich diese im Verlauf des Schmiedens ändert. Das Spannzeug muß sich daher entsprechend anpassen. Eine bewährte Art, derartige Teile zu spannen, zeigt Abbildung 16.

Im Einzelfall wird es immer darauf ankommen, die Möglichkeiten von Gesenkschmiede- und Spanntechnik kritisch in Bezug auf die Wirtschaftlichkeit abzuschätzen. Rein technisch gesehen, ist es immer möglich, entweder durch Anpassung des Spannzeuges an das Gesenkschmiedestück oder umgekehrt eine befriedigende Lösung aller Spannprobleme zu finden.

146 Gesenkschmieden und Maßprägen

Als letzter Punkt dieses Abschnittes ist nun noch der Zusammenhang zwischen Gesenkschmieden und Maßprägen (kalt) zu behandeln. Dieses Verfahren nimmt insofern eine Sonderstellung ein, als damit Maßgenauigkeiten, die sonst nur durch Abspanen zu erreichen sind, eingehalten werden können.

Automobil-, Nähmaschinen- und andere Teile werden heute mit Toleranzen

---

7. Nach Druckschrift Nr. D 212, 2. Auflage der Fa. Paul Forkardt, Kommanditgesellschaft, Düsseldorf.

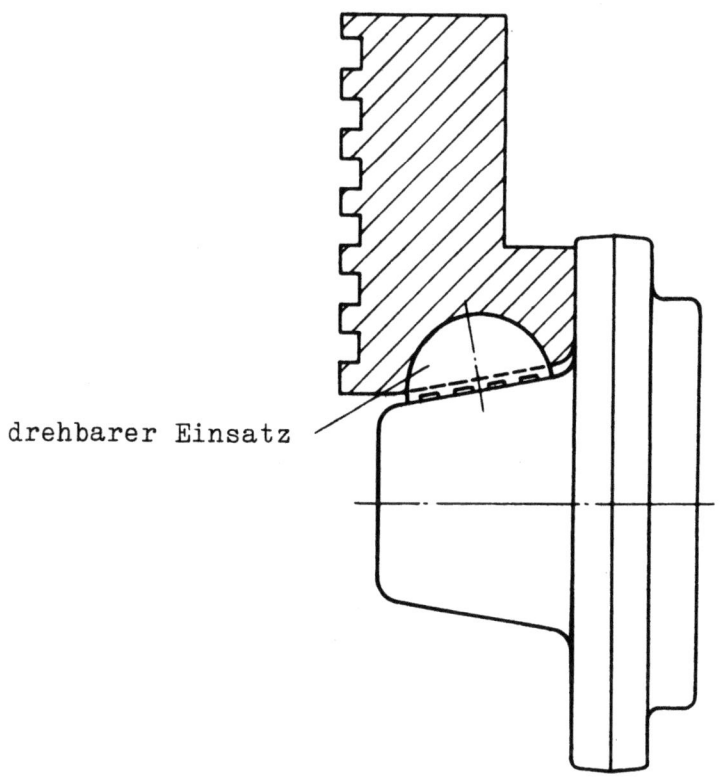

Abbildung 16
Spannen von Gesenkschmiedestücken mit Seitenschräge

von 0,05 mm [8]) maßgeprägt. Die Genauigkeit der so behandelten Teile liegt zwischen IT 7 und IT 11 und entspricht damit der Stufe "ef" (siehe Abschnitt 11).

Die Schwankung der Zugabe infolge der Schmiedetoleranz T wirkt sich durch die Rückfederung der Stücke beim Prägen auf die Prägegenauigkeit aus. Entsprechend Abbildung 17 werden bei Teilen mit verschieden großer Zugabe größere oder kleinere Kräfte benötigt, um den Stoff zum Fließen zu bringen; somit erhält man die beiden Punkte A und B auf der Fließkurve. Die entsprechenden Stauchungen sind auf der Abszisse durch die Punkte D und G gekennzeichnet. Nach Entlastung federt das Teil nun von D nach C bzw. von G nach F zurück, die verbleibenden bildsamen Stauchungen sind durch die Strecken $\overline{CO}$ bzw. $\overline{FO}$ gegeben. Sie würden in ihrer Größe den geforderten Maßänderungen $h_{o2} - h_1$ bzw. $h_{o1} - h_1$ entsprechen, wenn nicht bei größerer Preßkraft eine größere Rückfederung des Werkstückes auftreten würde. Zieht man die Strecke $\overline{CD}$ von $\overline{FG}$ - das sind die Rückfederungen - ab, so erhält

---

8. Schreibweise ± 0,025 mm bedeutet T = 0,05 mm

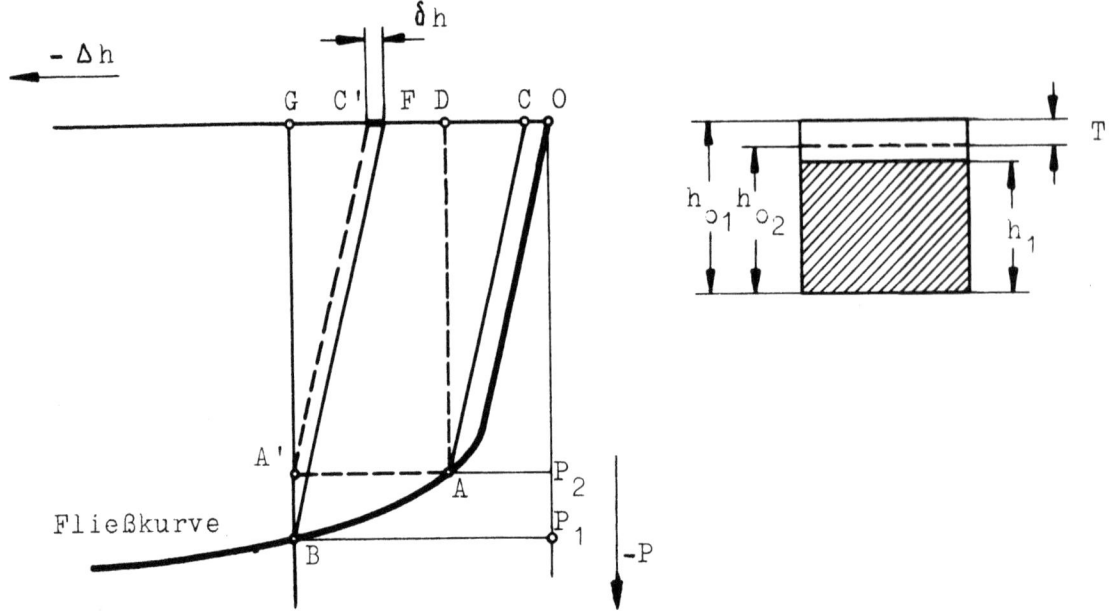

Abbildung 17
Federnde und bildsame Stauchung beim Maßprägen von Stahlteilen

man $\overline{C'F}$. Um diesen Betrag kann die Rückfederung der maßgeprägten Teile als Folge schwankender Ausgangshöhe bzw. Zugabe schwanken. Diese Maßschwankung am fertigen Teil ist hier mit δ_h bezeichnet.

Außer der Rückfederung der geprägten Teile selbst ist ebenso die unterschiedliche federnde Verformung der Presse von Einfluß. In Abbildung 18 sind daher die drei grundsätzlich möglichen Prägeverfahren einander gegenübergestellt. Das erste verwendet die Kurbel-, Exzenter- oder Kniehebelpresse in Zweiständerart; das zweite die hydraulische Presse oder die Spindelpresse, das dritte nur die hydraulische Presse. Verfahren 2 und 3 sind nach KIENZLE als "Maßpreßverfahren" (24) zu bezeichnen. Bei der Kurbel- und Kniehebelpresse (1) vergrößert sich bei schwankender Zugabe und damit schwankender Preßkraft die vom Werkstück herrührende Ungenauigkeit δ_h um den durch unterschiedliche Gestellfederung verursachten Betrag δ_L, während bei der Maßpresse (2) mit ihrem an sich nicht gebundenen Hub die Dicke durch die Abstandsstücke bestimmt wird. Hierbei subtrahieren sich die Einflüsse δ_h und δ_L. Nach dem Aufsetzen auf den Anschlag erfolgt dessen Zusammenfederung, bis die höchste Preßkraft erreicht ist, wobei die Federzahlen von Stück und Anschlag sich summieren. Das Maß des Werkstückes erreicht dabei auf der Fließkurve die Punkte A^x bzw. B^x anstelle A und B. Zieht man von diesen Punkten in bekannter Weise die Rückfederungs-

Forschungsberichte des Wirtschafts- und Verkehrsministeriums Nordrhein-Westfalen

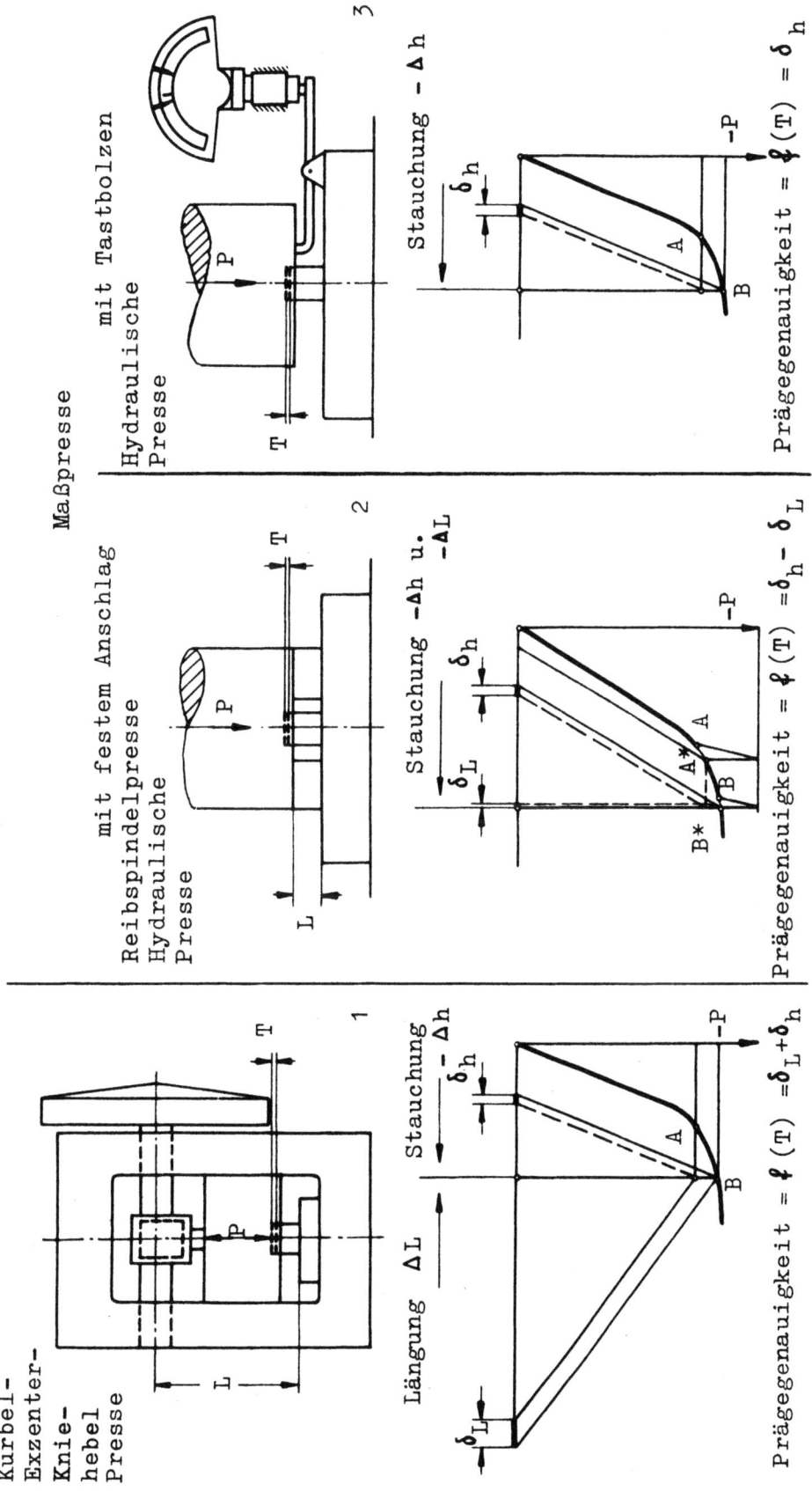

Abbildung 18

Einflüsse von Maschine und Verfahren auf die Genauigkeit beim Maßprägen

linien, so erhält man die entsprechende Rückfederungsdifferenz δ_h! Da δ_L sehr klein ist, schwanken die Maße h_1 der geprägten Teile praktisch um δ_h. Bei der Maßpresse mit Tastbolzen (3) ist überhaupt kein Einfluß der Maschine vorhanden. Diese wird nach Erreichen des Sollmaßes selbsttätig über einen Taster mit Auslösekontakt stillgesetzt. Die Genauigkeit der Teile ist hierbei durch das Maß δ_h gekennzeichnet. Dieses läßt sich bei der Einstellung berücksichtigen.

Ein Beispiel mag abschließend die Größenordnung der Maßabweichungen aufzeigen.

Beim Prägen eines zylindrischen Teils mit $d = 60$ mm, $h_o = 26{,}5$ bzw. $25{,}8$ mm ergibt sich für $k_f = 70$ kg/mm^2 eine größte Prägekraft $P_g = 210$ t und eine kleinste $P_k = 204$ t [9]. Die Schwankung bewirkt eine Rückfederungsdifferenz δ_h von $\sim 2{,}5\,\mu$; diese ist also sehr klein. Die unterschiedliche Gestellfederung bei Kurbel- bzw. Kniehebelpressen δ_L beträgt dagegen etwa $30\,\mu$, wenn die Federzahl des Gestells $0{,}5$ mm/100 t beträgt. Bei der Maßpresse mit festem Anschlag ist die Zusammenfederung der Abstandstücke so gering, daß ihre Schwankung $\delta_L < 1\,\mu$ ist, praktisch also nicht ins Gewicht fällt.

15 Normen für Gesenkschmiedetoleranzen in Deutschland, USA, Großbritannien und Schweden

Das starke Anwachsen der Erzeugung von Gesenkschmiedestücken führte vor etwa 15 Jahren (1937) zur Herausgabe der amerikanischen Normen für Gesenkschmiedestücke durch die Drop Forging Association (25). Schon 1939 wurden vom Schmiedeausschuß ADB-VDI die deutschen "Technischen Richtlinien für die Lieferung, Gestaltung und Herstellung von Schmiedestücken aus Stahl" (5) herausgegeben und 1944 in das deutsche Normenwerk als DIN 7520 - 29 übernommen. In Großbritannien wurden in enger Anlehnung an die amerikanischen Richtlinien von der National Association of Drop Forgers and Stampers eigene Normen aufgestellt (4). Diese sind 1951 in den Rang von "National Standards" erhoben worden. In Schweden gibt es noch keine von einer Zentralstelle festgelegten Gesenkschmiedenormen, doch arbeiten die wenigen in Frage kommenden Gesenkschmieden nach gemeinsamen Richtlinien, so daß diese als die z.Zt. gültigen Normen angesehen werden können (26).

---

9. Berechnung siehe Anhang Blatt 2

__Forschungsberichte des Wirtschafts- und Verkehrsministeriums Nordrhein-Westfalen__

Bestehen so zwischen den einzelnen Normenwerken rein zeitlich gesehen gewisse Parallelen, so weisen sie doch erhebliche sachliche Unterschiede auf: erstens bezüglich des Umfanges der Normung, zweitens bezüglich der Bezugsgrößen für die einzelnen Toleranznormen. Über den unterschiedlichen Umfang der Normung gibt Tabelle 3 Auskunft.

T a b e l l e 3

Übersicht über Umfang der bestehenden Normen für Gesenkschmiedetoleranzen in Deutschland, USA, Großbritannien und Schweden

Lfd. Nr.	Normen		Bestehende Vorschriften in			
	Gruppe	Art	Deutschland	USA	Großbritannien	Schweden
1	Gestaltungsrichtlinien	Seitenschrägen	x	x	x	x
2		Rundungen	x	x	x	x
3		Mindestwanddicken	x			
4		Zugaben	x			x
5	Toleranzen	Dicke H	x	x	x	x
6		Breite B / Durchmesser D	x	x	x	x
7		Länge L	x	x	x	x
8		Versatz V	x	x	x	x
9		Gratansatz g	x			
10		Mittenabstand von Augen			x	
11		Krümmung von Achsen und Wellen	x			
12		Gewicht	x			
13		Menge	x	x	x	x
14		Seitenschrägen		x	x	

Danach liegt der Schwerpunkt offensichtlich auf den Maß- und Lagetoleranzen für Dicke, Breite (Durchmesser), Länge und Versatz (hierzu Abb. 2). Als Bezugsgröße für diese gilt in den USA und Großbritannien entweder nur das Schmiedestückgewicht oder Schmiedestückgewicht und Abmessung, in Deutschland und Schweden die betreffende Abmessung. Nach den deutschen, amerikanischen und englischen Normen gilt die auf Grund der betreffenden Bezugsgröße ermittelte Toleranz für alle Maße in der gleichen Hauptrichtung (Länge, Breite, Dicke); die größten Maße (bzw. Gewichte) bestimmen also die Toleranz.

Ein ausführlicher Vergleich der in den einzelnen Ländern geforderten Schmiedegenauigkeiten ist an anderer Stelle bereits vorgenommen (27). Sein Ergebnis ist folgendes:

Forschungsberichte des Wirtschafts- und Verkehrsministeriums Nordrhein-Westfalen

Die deutschen Maßtoleranzen liegen, verglichen mit den übrigen, recht günstig, für Breite und Länge sind sie genauer. Die Dickentoleranzen könnten dagegen etwas enger gehalten werden. Die Toleranzen für den Breitenversatz sind den amerikanischen etwa gleichwertig, den englischen und schwedischen Toleranzen sind sie überlegen. Hinsichtlich des Längenversatzes sind die deutschen Toleranzen jedoch zu groß, was sich nach dem in Abschnitt 12 herausgearbeiteten Einfluß des Versatzes auf die Maßtoleranzen ungünstig auswirken muß. Hierauf werden wir später noch zurückzukommen haben.

Größenordnungsmäßig liegen die Maßtoleranzen in Deutschland und Schweden zwischen den ISA-Qualitäten IT 13 und IT 18, die Versatztoleranzen zwischen IT 12 und IT 16. Die amerikanischen und englischen Toleranznormen lassen sich, da sie ja gewichtsbezogen sind, nicht derartig einstufen.

Alle Normen unterscheiden zwei Genauigkeitsstufen: Normal- und Genauschmiedestücke. Der Stufensprung zwischen beiden schwankt von $\varphi = 1,25$ bis 2,5 und entspricht damit nicht dem sonst bei Genauigkeitsnormen gebräuchlichen Wert von $\varphi = 1,6$ [10]. Das ist als entscheidender Mangel aller Gesenkschmiedenormen zunächst nur festzustellen. Ihre große Unterschiedlichkeit läßt vermuten, daß ihre Aufstellung in erster Linie nach praktischen Gesichtspunkten erfolgte. Es erschien daher notwendig, in der vorliegenden Arbeit die verfahrensmäßig zu erzielenden Arbeitsgenauigkeiten einmal mit den Erkenntnissen der Toleranzlehre abzustimmen.

2 **Gesenkschmiedehammer und Arbeitsgenauigkeit**

Bei einem Gesenkschmiedehammer kommt es bezüglich der Arbeitsgenauigkeit besonders auf folgende Punkte an:

        Gestell

        Führungsbahnen

        Gesenkanschlußflächen

Diese werden im folgenden nacheinander behandelt.

---

10. entspricht den ISA-Grundtoleranzen

Forschungsberichte des Wirtschafts- und Verkehrsministeriums Nordrhein-Westfalen

21 Gestell

Ein Gesenkschmiedehammer sollte hinsichtlich der Gestaltung seines Gestells als Werkzeugmaschine angesehen werden. Das ist jedoch häufig nicht der Fall, wie eine Überprüfung der zahlreichen Typen von Gesenkschmiedehämmern zeigt. Die grundsätzlichen Mängel sind folgende:

>   1. nicht ausreichende Steifigkeit,
>   2. zu viele Fugen im Gestell.

Abbildung 19 zeigt in schematischer Darstellung die wichtigsten Formen. In der Bewertung hinsichtlich Steifigkeit und Fugen schneidet der Riemenfallhammer (Form 1) bei weitem am schlechtesten ab. Wesentlich besser ist die übliche Bauart des Oberdruckhammers (auch Brettfallhammers) (Form 2). Form 3 und 4 entsprechen neueren Konstruktionen, die bewußt neue Wege im Hammergestellbau einschlagen. Besonders Form 4 erfüllt in vollkommener Weise die Forderung nach geschlossener Bauart ohne Fugen, wenn auch ihre Herstellung gießtechnisch nicht einfach ist und sich auch Schwierigkeiten bei der Bearbeitung der Führungsflächen ergeben. Außerhalb der Gruppe der Schabottehämmer erweist sich der Gegenschlaghammer (Form 5) der Form 2 gleichwertig.

Dieser kurze Überblick läßt erkennen, daß im Gesenkschmiedehammerbau die Entwicklung zu steiferen Gestellen mit weniger Fugen geht. Dabei darf jedoch nicht übersehen werden, daß in Deutschland zur Zeit rd. 70 - 80 % aller Gesenkschmiedestücke[11] unter dem Riemenfallhammer geschmiedet werden, dessen Gestell den an einen Gesenkschmiedehammer zu stellenden Forderungen am wenigsten nachkommt.

22 Führungsbahnen

Von den Führungsbahnen der Gesenkschmiedehämmer sind folgende Eigenschaften zu fordern:

>   1. Gute Formgenauigkeit des Querschnittes
>   2. Gute Einstellbarkeit hinsichtlich gleichmäßigen Führungsspiels (längs und quer)
>   3. Sicherung des Bären gegen Verdrehung.

Daneben ist noch die Führungsgenauigkeit, d.h. Abstand der Bahnen vonein-

---

11. Angabe in Gewichtsprozent

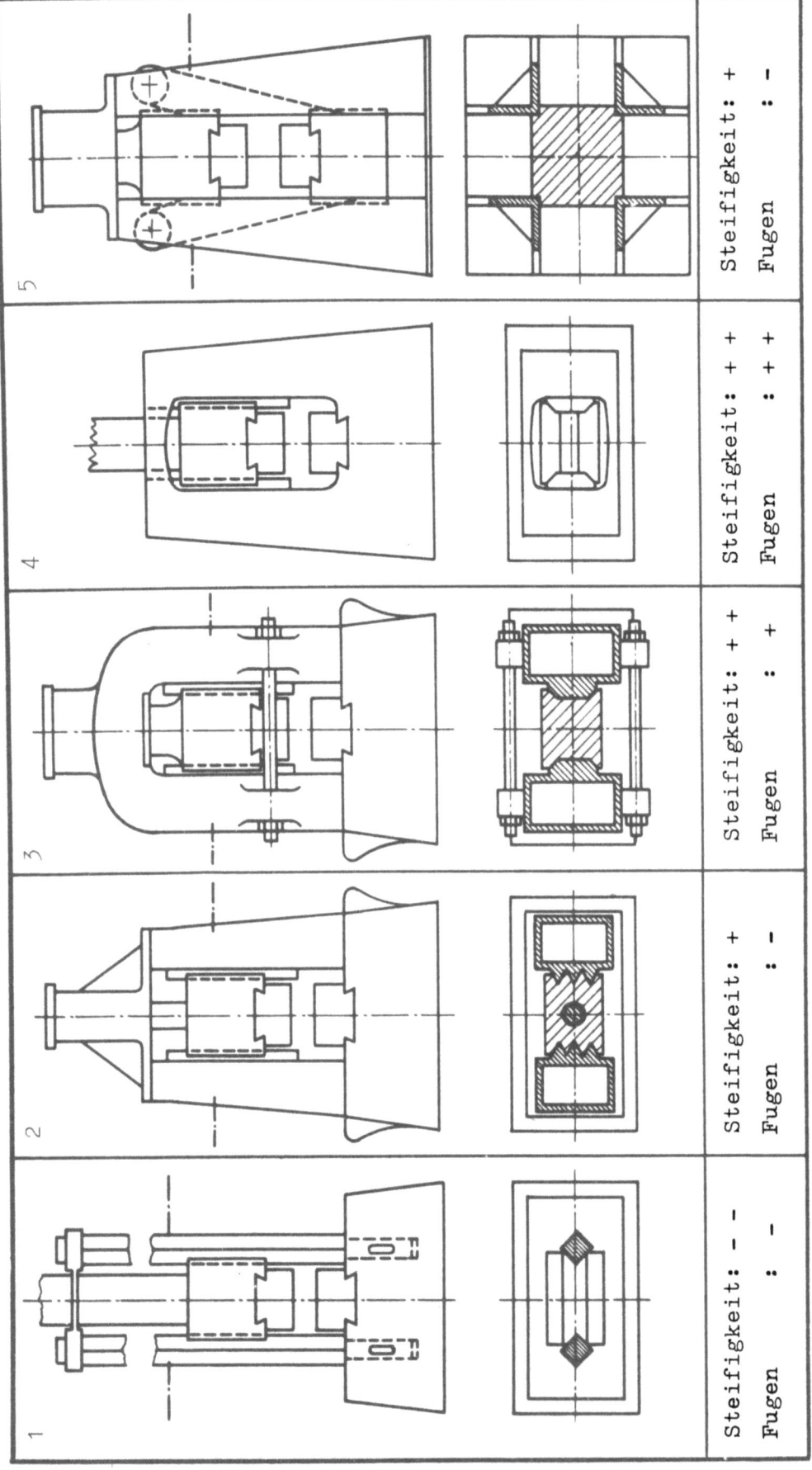

Abbildung 19
Gestaltung von Gesenkschmiedehammergestellen

ander und ihre Oberflächenbeschaffenheit von Wichtigkeit. Auch die Frage nach der richtigen Größe des Führungsspiels - besonders im Hinblick auf die Erwärmung des Bären beim Schmieden - ist in diesem Zusammenhang zu stellen. Um einen Überblick zu geben, sind in Abbildung 20 die möglichen und größtenteils ausgeführten Arten von Gesenkschmiedehammerführungen zusammengestellt. Danach lassen sich die Führungsbahnen grundsätzlich in vier Gruppen einteilen:

1. V- oder Dachprismenführungen mit dreieckförmigen Prismen
2. V- oder Dachprismenführungen mit trapezförmigen Prismen
3. Flachprismenführungen
4. Umschließende Führungen

Innerhalb jeder Gruppe ergibt sich eine Reihe von Abwandlungen; so können die Führungen z.B. als Ein- oder Mehrfachführungsbahnen ausgebildet sein. Die Vielzahl der Formen läßt erkennen, daß die besondere Aufmerksamkeit der Konstrukteure schon immer dem wichtigen Bauelement - der Führung - gegolten hat. Um zu einer Bestform zu gelangen, müssen zunächst die geometrischen Grundlagen klar herausgestellt werden[12].

221 Einfluß der Führungs- und Bärform auf die Bewegungsmöglichkeiten für den Bären

Die Bärbewegung in Schwalbenrichtung und senkrecht dazu (Längen- und Breitenspiel) ist abhängig von der Spaltbreite b zwischen Bär und Führung und dem Führungswinkel α, wie Tabelle 4 erkennen läßt. (Mit "Schwalbenrichtung" wird die Richtung der Längskanten der Befestigungsschwalbe am Bär bzw. Gesenk bezeichnet.) Mit kleiner werdendem Führungswinkel α wird das Verhältnis Breitenspiel : Längenspiel größer; 45°-Führung ($2\alpha = 90°$) und Rechteckführung (Abb. 20.3) sind in dieser Beziehung günstig.

Im Rahmen des gegebenen Führungsspiels kann sich der Bär neben der Bewegung in Längs- und Querrichtung auch verdrehen. Diese Verdrehung ist von der Bärbreite, der Führungsbreite und den Führungswinkeln abhängig (Abbildung 21).

---

12. Bei der Beurteilung der Bärformen treten daneben noch andere Gesichtspunkte, wie Schwerpunktlage und Verhältnis Breite : Höhe auf. Nach den neuesten Vorschlägen des Fachnormenausschusses Schmiedetechnik wird ein solches Verhältnis von 1 : 1 als richtig angesehen.

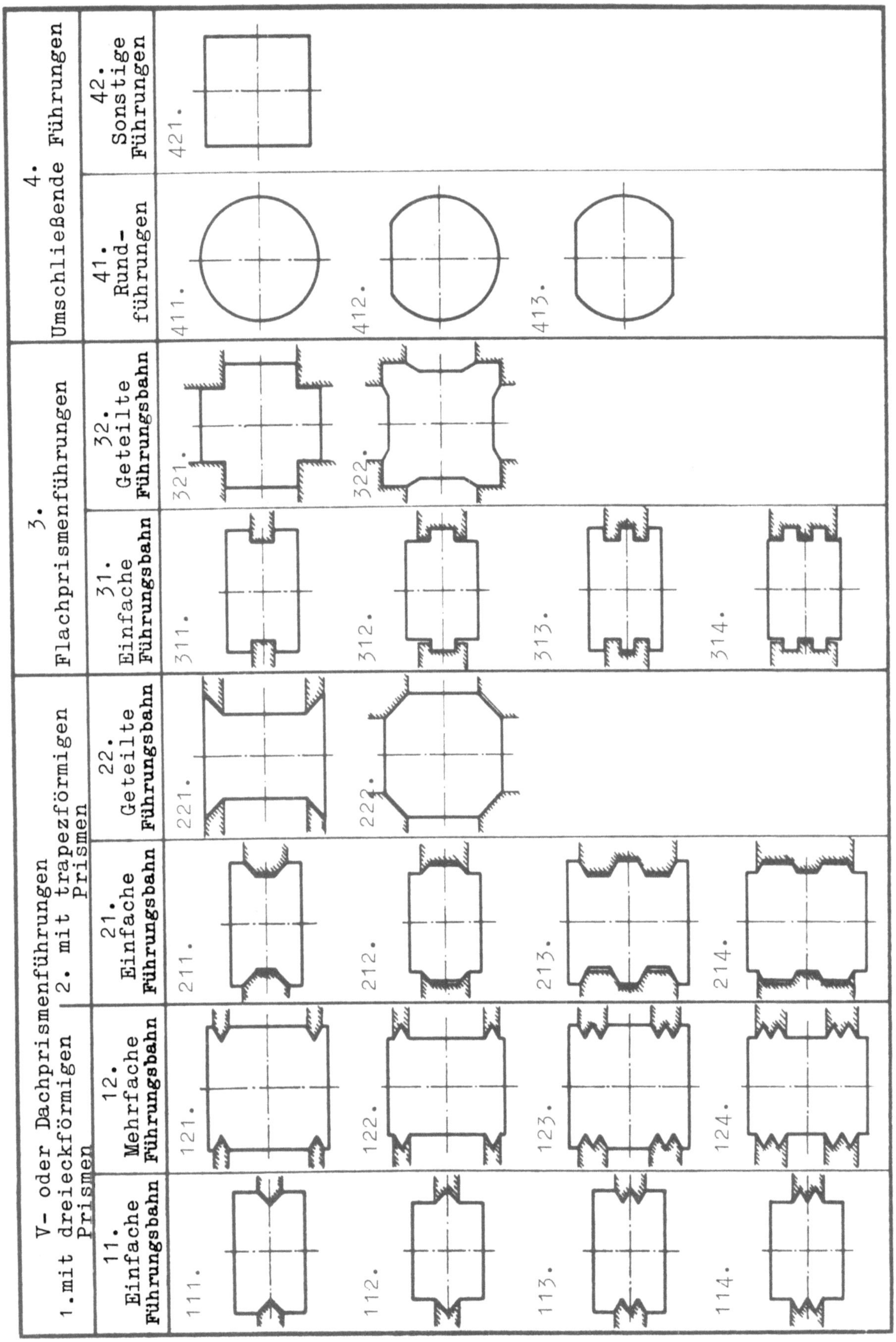

Forschungsberichte des Wirtschafts- und Verkehrsministeriums Nordrhein Westfalen

Abbildung 20

Führungen an Gesenkschmiedehämmern

Seite 36

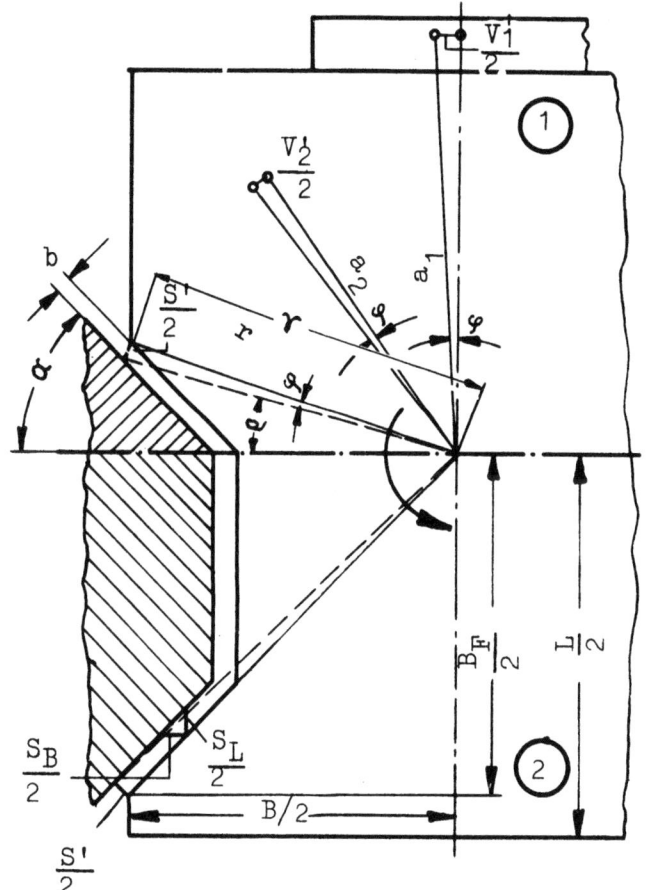

Abbildung 21
Geometrie und Fehlergeometrie der Hammerführungen

Das Verdrehspiel $S'/2$ [13], um das der Berührungspunkt im Abstand r vom Bärmittelpunkt wandern kann, ist für $\alpha = 20°$, $30°$ und $45°$ in Abhängigkeit von der Führungsbreite in Abbildung 22 dargestellt. Der Einfluß des Führungswinkels ist danach zum Teil sehr groß. Läuft die Verlängerung an die Führungsflächen durch den Bärmittelpunkt, so ist $S'/2 = b$, d.h. die Verdrehung hat ihren Kleinstwert erreicht. Das ist der Fall bei $\alpha = 20°$ und $B_F = 0,36\ B$, $\alpha = 30°$ und $B_F = 0,58\ B$, $\alpha = 45°$ und $B_F = 1,0\ B$.

Da der Verdrehungswinkel φ von $S/2$ und r bestimmt wird, ist der halbe Drehversatz $V'/2$ eines beliebigen Punktes im Abstand a vom Bärmittelpunkt das $\frac{a}{r}$ - fache von $S'/2$. Das ist bei "tiefen" Bären - $L > B$ - und, wenn lange Gesenke über den Bären hinausragen, von Bedeutung (Abb. 21). Dann kann

---

13. $S'/2 = \dfrac{b}{\cos(\alpha - \varrho)}$, wobei $S'/2$ angenähert als Gerade anzusehen ist (Abb. 21).

Tabelle 4
Bärspiel (längs und quer) bei verschiedenen Führungswinkeln

Führungswinkel	Mögliches Führungsspiel (im Verhältnis z. Spaltbreite b)[1]		Verhältnis
	längs[3]	quer[3]	quer : längs
20°	1,1	2,9	2,7
30°	1,2	2,0	1,7
38°	1,3	1,6	1,25
45°	1,4	1,4	1
90°	1	1 [2]	1 [2]

1. Mit der mittleren Spaltbreite $2\,b_m$ multipliziert ergeben die Verhältniszahlen das mittlere Längen- bzw. Breitenspiel.
2. Zweite Führungsfläche für Querbewegung erforderlich.
3. längs = in Schwalbenrichtung, quer = senkrecht dazu.

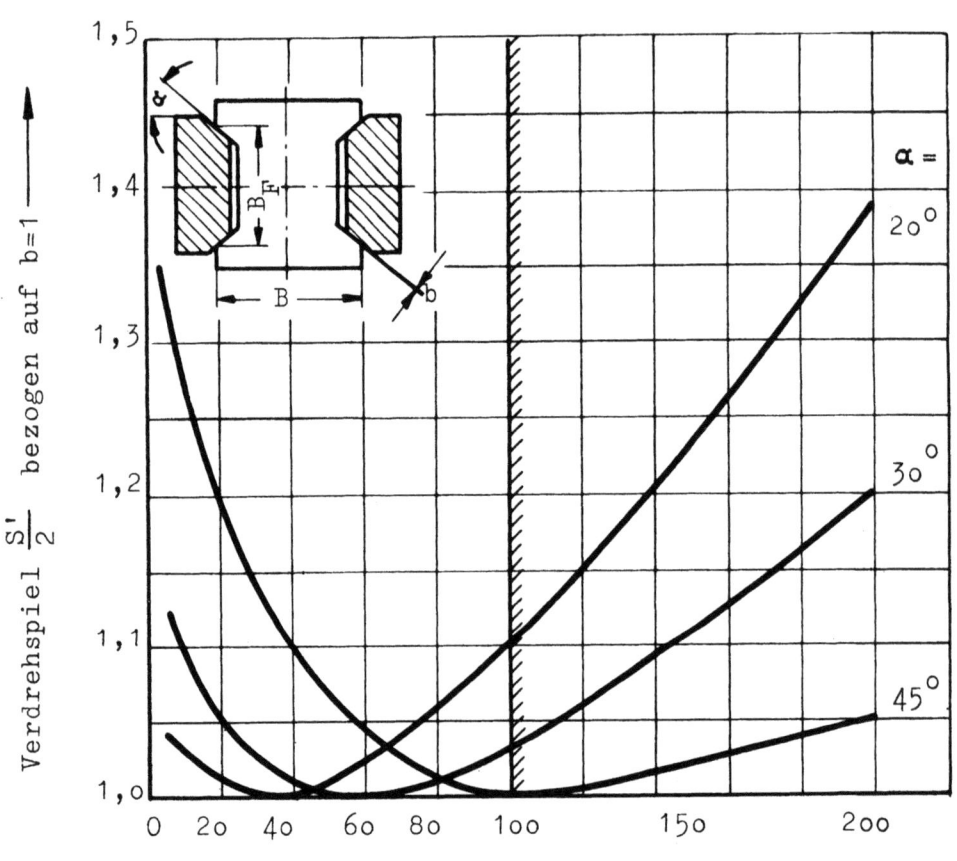

Abbildung 22

Verdrehspiel $\frac{S'}{2} = f(B, B_F, \alpha)$ in Abhängigkeit von der Bärbreite B (b = 1)

der gesamte Drehversatz V' größer als S' werden. In Bezug auf die geforderte Genauigkeit der Schmiedestücke darf nun der Drehversatz nicht größer sein als der Längen- oder Breitenversatz. In Abbildung 23 - Verdrehspiel und Breitenspiel in Abhängigkeit von Bär und Führungsform - ist für verschiedene Führungswinkel das Verhältnis $\frac{a}{r}$, bei dem das Verdrehspiel S' größer als das Breitenspiel S_B wird, dargestellt. Der Einfluß der Führungsbreite ist aus der Parameterdarstellung ersichtlich. Wir können nun dieser Darstellung folgendes entnehmen:

1. Mit abnehmendem Führungswinkel α verlagert sich die Grenze: Verdrehspiel = Breitenspiel zu größeren Werten von $\frac{a}{r}$, d.h. bei längeren Gesenken bleibt hier der Drehversatz klein.

2. Führungen mit Winkel $\alpha = 30°$ zeigen bei verschiedener Führungsbreite die kleinste Streuung bezüglich $\frac{a}{r}$ an der Grenzlinie: Verdrehspiel = Breitenspiel.

3. Bei Rechteckführungen ($\alpha = 90°$) ist bereits bei einem Verhältnis $\frac{a}{r} = 0,7$ das Verdrehspiel S'/2 gleich der Spaltbreite b. Ein Punkt im Abstand r von der Bärmitte hat dann einen Drehversatz V'/2 von 1,4 b. Das ist als ungünstig zu bezeichnen.

(Eine wichtige Beziehung zur Praxis ergibt sich, wenn man überlegt, daß bei den deutschen Riemenfallhämmern mit Stangenführung ein Verhältnis $B_F/B = 0,2$ besteht. Der Führungswinkel ist dabei 45°. Nach Abbildung 22 und 23.3 ist jedoch ein Führungswinkel $\alpha = 45°$ bei $B_F = 0,2\ B$ nicht zu empfehlen; besser wählt man $\alpha = 30°$.)

Die hier dargestellten geometrischen Verhältnisse ändern sich nicht beim Einbau eines zweiten Zahnes. Die Beanspruchung der Führungsbahnen und ihr Verschleiß werden jedoch geringer, da eine zweite Fläche zum Tragen kommt (siehe hierzu Abb. 24).

222 Einfluß der Bärerwärmung beim Schmieden auf die Bärführung

Beim Schmieden erfährt der Bär eine gewisse Erwärmung und dehnt sich aus. Die Wärme wird ihm sowohl vom Schmiedestück aus über das Obergesenk als auch - bei Oberdruckhämmern mit Dampfbetrieb - vom Zylinder über die Kolbenstange zugeführt. Das Führungsspiel S wird dadurch kleiner, allerdings nicht erheblich, denn die Erwärmung ist, nach Messungen in der Praxis, nicht sehr hoch. Diese Messungen wurden mit Thermocolorfarben und Thermochromstiften (Meßgenauigkeit $\pm 5°$ C) an Hämmern von 300 bis 2500 kg Bär-

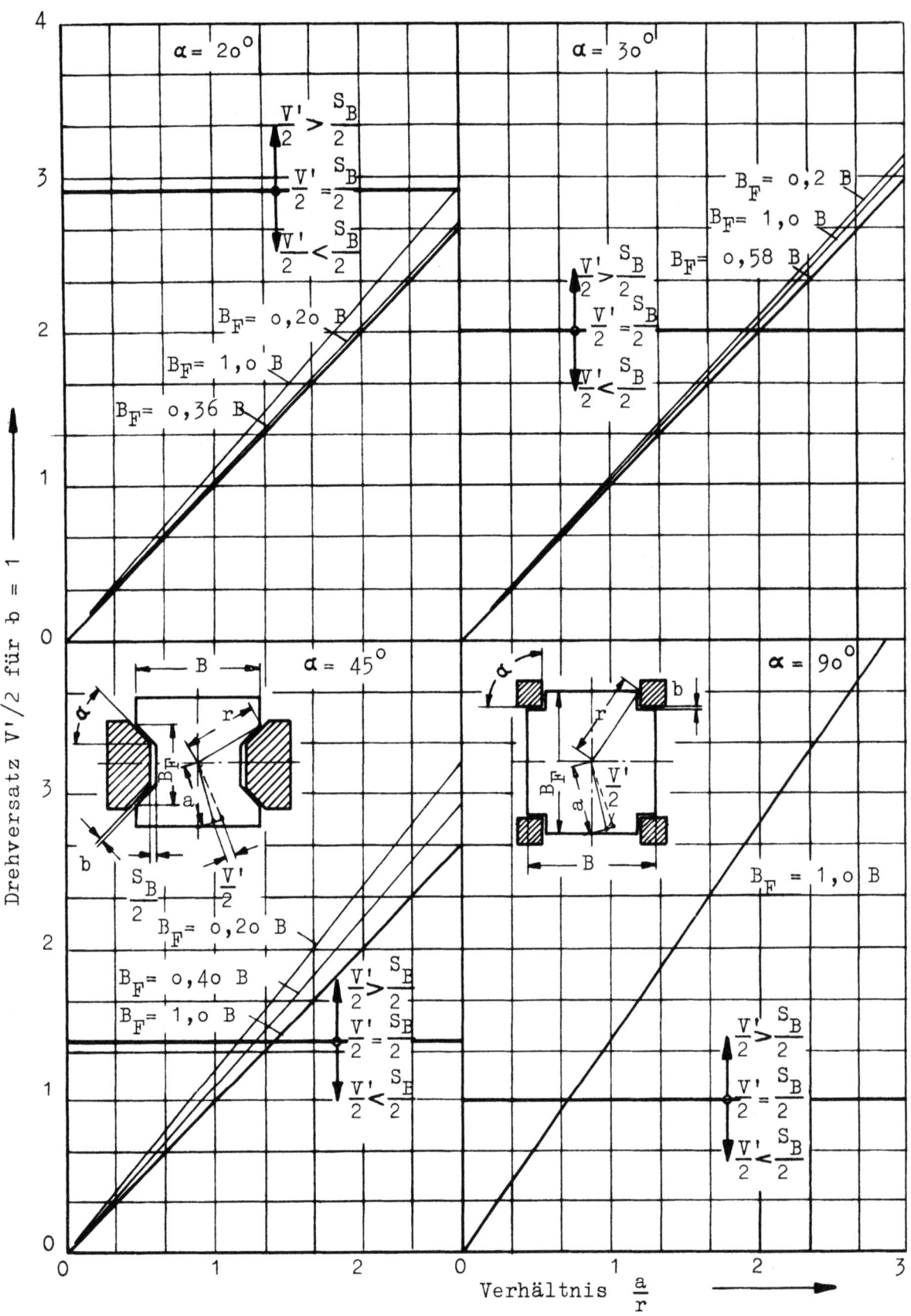

Abbildung 23
Verdrehspiel und Breitenspiel in Abhängigkeit von Bär- und Führungsform

Forschungsberichte des Wirtschafts- und Verkehrsministeriums Nordrhein-Westfalen

gewicht vorgenommen. In Tabelle 5 sind neben den Ergebnissen der Bärtemperaturmessungen auch gemessene Gesenktemperaturen enthalten. Diese liegen mit 65 - 150°C niedriger als die aus der Praxis stammenden Angaben mit 200 - 300°C.

Die gemessenen Bärtemperaturen liegen zwischen 40 und 70°C. Diese Temperaturen sind jedoch bei der Einstellung des Führungsspiels nicht zu berücksichtigen, sondern lediglich die Temperaturdifferenz zwischen Bär und Gestell. Nimmt man so z.B. die mittlere Bärtemperatur mit 65°C und die Gestelltemperatur mit 25°C an, so dehnt sich bei dem Temperaturunterschied von 40°C ein Bär von 800 mm Breite - das sind etwa 2000 kg Bärgewicht - um $800 \cdot 40 \cdot 11 \cdot 10^{-6} = 0,35$ mm aus. Um diesen Betrag müßte das <u>Arbeitsspiel</u> des Bären bei Einstellung im kalten Zustand vergrößert werden, wenn nicht durch zweckentsprechende Gestaltung der Führungsbahnen eine unbehinderte Wärmedehnung bei gleichbleibendem Führungsspiel ermöglicht wird. Nach Abbildung 24 verläuft die Gesamtausdehnung des Bären etwa diagonal. Legt man nun die Führungsbahnflächen in Richtung der Diagonalen, so kann sich der Bär in der Tat unbehindert ausdehnen, ohne daß das Spiel sich ändert.

Im Abschnitt 221 hatten wir gesehen, daß bei durch den Bärmittelpunkt verlaufenden Tangenten an die Führungsflächen die günstigsten Verhältnisse bezüglich des Drehversatzes gegeben sind. Wir fordern nun die gleiche geometrische Gestaltung hinsichtlich der ungehinderten Wärmedehnung des Bären. Damit erreichen wir durch <u>eine</u> konstruktive Maßnahme <u>zwei</u> gewichtige Vorteile.

223 Führungsspiele

Im Schrifttum und von Hammerbaufirmen werden unterschiedliche Führungsspiele für Gesenkschmiedehämmer angegeben. KAESSBERG (28) empfiehlt abhängig von der Hammergröße:

Schlagarbeit					Gesamtspiel S [14]
von	-	bis	1.000	mkg	0,5 mm
"	1.000	"	4.000	"	1,0 "
"	4.000	"	8.000	"	1,5 "
"	8.000	"	13.000	"	2,0 "
"	13.000	"	40.000	"	3,0 "
"	40.000	"	80.000	"	4,0 "

---

14. s. Seite 42

Tabelle 5
Temperaturmessungen an Bären und Gesenken

Versuchsreihe Nr. x)	Schmiedestück Bezeichnung und Gewicht	Bärgewicht kg	Temperaturen °C									Stück Nr.
			Bär			Obergesenk			Untergesenk			
			Oben	Mitte	Unten	Gravur-seite	Schwalben-seite	Gravur	Gravur-seite	Schwalben-seite	Gravur	
1	Nabe 0,86 kg	1000	-	~40	-	~70	~70	75	~70	~70	75	
2	Nabe 0,87 kg	1000	-	~45	-	-	~80	-	-	-	85	
7	Kupplungs-flansch 1,9 kg	2500	<65	<65	<65	~70	~70	~75	~70	~70	~75	80
			<65	<65	<65	~75	~85	~90	~70	~75	~90	1740
			<65	<65	<65	~75	~90	~95	~70	~75	~95	2520
8	Kreuzstück 0,1 kg	300	-	70	-	75	75	100	75	75	100	700
			-	<65	-	75	120	~130	120	75	~130	2300
			-	<65	-	95	150	~150	120	75	~140	4000
9	Nockenwelle 0,26 kg	400	-	<65	-	<65	75	110	75	<65	110	180
			-	<65	-	<65	75	110	75	<65	110	391
			-	<65	-	65	90	120	100	65	120	919

x Die Nummern der Versuchsreihen entsprechen denen in Abbildung 44 und Tabelle 8

---

14. Unter S werden entsprechend Abb. 21 die möglichen Bärbewegungen in Schwalbenrichtung bzw. senkrecht dazu verstanden.

Forschungsberichte des Wirtschafts- und Verkehrsministeriums Nordrhein Westfalen

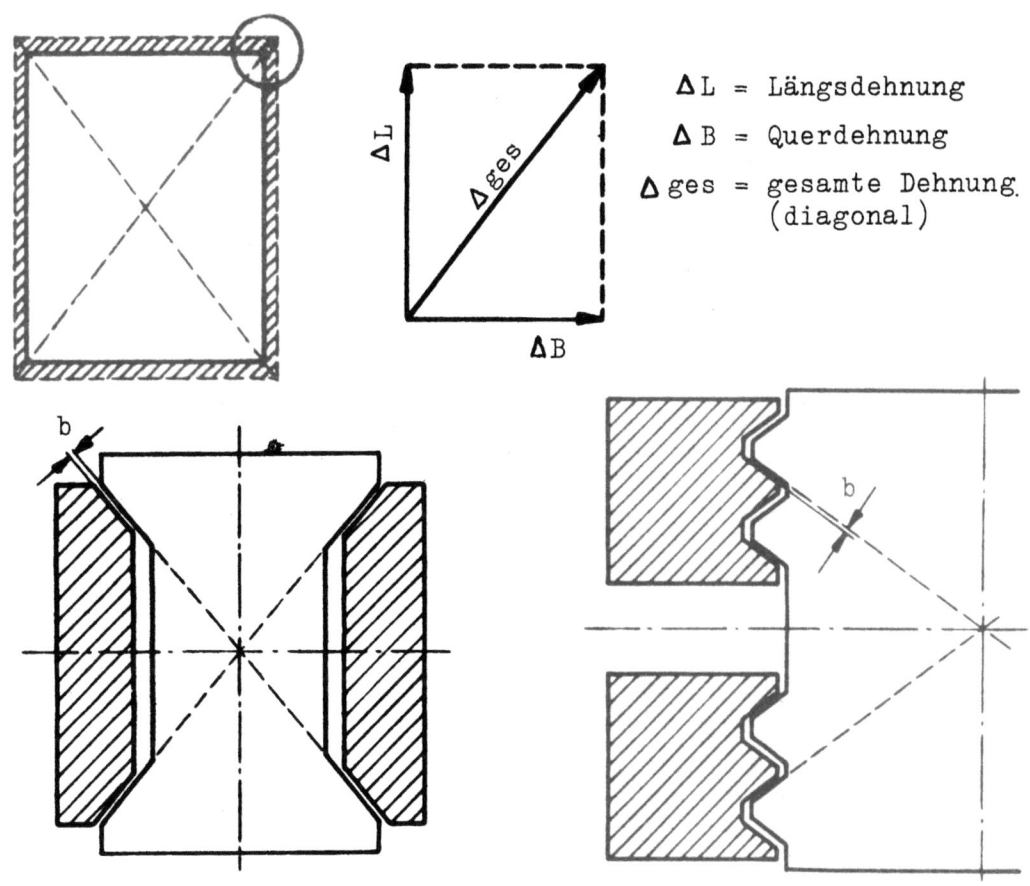

Abbildung 24

Bärführungen mit konstantem Führungsspiel bei Erwärmung

Diese Spiele sind nach dem Stand der Technik heute einzuhalten und noch zu unterschreiten. Eine englische Firma gibt ihren Riemenfallhämmern bis 2.000 kg Bärgewicht (entsprechend 3.200 mkg Schlagarbeit) ein Spiel S = 0,5 mm. Nach Ansicht einer führenden amerikanischen Firma kann das Spiel bis auf die Dicke der Schmierfilme zwischen den Führungsflächen verringert werden. Da der Versatz am Schmiedestück vom Führungsspiel abhängt (s. Abschnitt 42), darf dieses beim Schmieden den zulässigen Versatz nicht überschreiten.

224 Die günstigste Gestaltung der Führungsbahnen

Nachdem nunmehr alle die Bärführung am Gesenkschmiedehammer betreffenden Fragen besprochen sind[15], lassen sich gewisse Empfehlungen für die

---

15. Nicht behandelt wurden die Kräfte an den Führungen. Diese sind noch nicht gemessen und lassen sich auch theoretisch kaum bestimmen. Die Führungsbahnen müssen daher nach vorliegenden Erfahrungswerten so groß gestaltet werden, daß sie die auftretenden Flächenpressungen aufzunehmen in der Lage sind.

Seite 43

Gestaltung der Führungsbahnen geben. Zuvor soll jedoch noch eine Gesamtbewertung nach folgenden Gesichtspunkten vorgenommen werden:

1. Verhältnis Breitenspiel : Längenspiel
2. Verhältnis Verdrehspiel : Breitenspiel
3. Einfluß der Führungsbreite auf das Verdrehspiel
4. Beibehaltung des Spiels bei Erwärmung des Bären

Anhand von Tabelle 6, in der die Bewertung für verschiedene Führungswinkel vorgenommen ist, scheinen die Führungen mit $B_F = 0,58$ B bei $\alpha = 30°$ und $B_F = 1,0$ B bei $\alpha = 45°$ zunächst gleichwertig, während die Flachprismenführung ($\alpha = 90°$) sehr ungünstig abschneidet.

Tabelle 6
Beurteilung von Hammerführungen

Bewertungsgesichtspunkte		Führungswinkel α [°]			
im allgemeinen	im einzelnen	20	30	45	90 [4)]
$\dfrac{\text{Breitenspiel}}{\text{Längenspiel}}$ [1)]		− −	+ −	+ +	+ +
$\dfrac{\text{Verdrehspiel}}{\text{Breitenspiel}}$ bez. auf $\dfrac{a}{r}$ [2)]		+ +	+ +	− +	− −
Einfluß von B_F [3)] auf Drehversatz V'	$B_F = 0,36$ B $B_F = 0,58$ B $B_F = 1,0$ B	+ + −	+ + −	− + +	 −
Gleiches Spiel bei Erwärmung	$B_F = 0,36$ B $B_F = 0,58$ B $B_F = 1,0$ B	+ − −	− + −	− − +	 −
Wertziffer	$B_F = 0,36$ B $B_F = 0,58$ B $B_F = 1,0$ B	+4 −2 +3 −3 +2 −4	+4 −2 +5 −1 +4 −2	+3 −3 +4 −2 +5 −1	 +2 −4
1. siehe Tabelle 4 2. siehe Abb. 23 3. siehe Abb. 22 4. Flachprismenführung					

Gegen die Verwendung von $\alpha = 45°$ als Führungswinkel spricht jedoch die Tatsache, daß eine Führungsbreite gleich der Bärbreite sich konstruktiv schwer verwirklichen läßt, zumindest ist das bei Fallhämmern der Fall. Hier werden hohe Bäre, die beim Fall möglichst nicht ecken, mit geringer Bärtiefe (Bärabmessung in Schwalbenrichtung) verwandt. Bei Oberdruckhämmern hat der Bär jedoch eine gewisse verlängerte Führung durch den Kolben im Zylinder. Hier dürfte sich daher die 45°-Führungsbahn mit $B_F = 1,0\ B$ leichter verwirklichen lassen, denn der Bär kann weniger hoch und daher "tiefer" sein. (Die Beispiele von Bärführungen mit mehrfachen oder breiten Führungsbahnen in Abbildung 20 sind Formen von Oberdruckhammerbären.) Wir müssen also unsere Empfehlungen für die Gestaltung der Führungsbahnen sowohl für Fallhämmer als auch für Oberdruckhämmer getrennt fassen. Es wird empfohlen für

	Führungswinkel α	Führungsbreite B_F
Fallhämmer	30°	0,58 B
Oberdruckhämmer	45°	1,0 B

Die günstigsten Führungsbahnformen sind die nach Abbildung 20, Form Nr. 121, 122, 211, 212 und 221. Hiervon hat Form 211 den Vorteil einfacher Herstellbarkeit, so daß sie am besten für eine moderne Hammerführungsbahn geeignet erscheint.

Das Ein- und Nachstellen der Führungsbahnen erfolgt am sichersten durch Unterlegen von Blechen; alle Nachstellelemente mit Schrauben haben Nachteile. Außerdem muß die Führungsbahn selbst mit ihrem Rücken am Gestell auf der ganzen Fläche tragend anliegen. Durch Auswahl geeigneter Werkstoffe kann der Verschleiß eindeutig in die Führungsbahn am Gestell gelegt werden; neben den bereits erwähnten Unterlagen können besondere, leicht auswechselbare Verschleißleisten zum Erhalten eines gleichmäßigen Spiels verwendet werden.

Über die Auswirkung von Führungsbahnform und Spiel in der Praxis wird in Abschnitt 42 (Versatz) weiter berichtet werden. Hier kam es darauf an, einen Überblick über die an einen Gesenkschmiedehammer zu stellenden Genauigkeitsforderungen zu geben und damit ggf. eine spätere Abnahmevorschrift mit vorzubereiten. Bevor dieser Abschnitt abgeschlossen wird, haben wir nun noch auf den Einbau der Gesenke im Hammer einzugehen.

Forschungsberichte des Wirtschafts- und Verkehrsministeriums Nordrhein Westfalen

23 Gesenkeinbau

Die Gesenke werden in der Regel mit Keilen, in Ausnahmefällen mit Schrauben befestigt. Dabei sind zwei Fälle möglich:

1. Das Gesenk liegt mit einer Fläche am Bär oder an der Schabotte an.
2. Das Gesenk liegt mit beiden Flächen an Keilen oder Schrauben an.

Bezüglich der Genauigkeit beim Gesenkschmieden sind folgende Forderungen an die Spannmittel zu stellen:

1. Verstellen je einer der beiden Gesenkhälften nach links - rechts, vorn - hinten, falls keine Verstellung am Gestell möglich ist.
2. Spannen und Lösen einfach,
   schnell,
   mit geringem Kraftaufwand.
3. Verhindern des "Wandern" der Gesenke beim Schmieden.

In Abbildung 25 sind 6 Gesenkeinbauweisen schematisch dargestellt. Unterzieht man sie einer kritischen Beurteilung in Bezug auf die genannten Punkte 1 bis 3, sowie auf wirtschaftliche Gesichtspunkte, so zeigt sich folgendes Bild:

Die Ein- und Zweikeilbefestigung (1 und 3) schneiden am besten ab, während die Vierkeilbefestigung (5) sowie die englische Schraubenbefestigung (6) am wenigsten geeignet erscheinen (wird Verstellbarkeit gefordert, dann läßt sich die Einkeilbefestigung (1) nicht für Ober- und Untergesenk verwenden). Daß im Gegensatz zu diesem Ergebnis die Vierkeilbefestigung nach 5 in der Praxis bei Riemenfallhämmern häufig verwendet wird, hat seine Ursache in der Möglichkeit, das Gesenk auch in geringem Grade zu verdrehen. Bei einer guten Gesenkmacherei ist das aber nicht erforderlich.

Von den 6 Befestigungsarten kommen für das Obergesenk Art 1, 2 und besonders 3 in Frage; letztere hat den Vorzug, von Winkelfehlern frei zu sein. Für das Untergesenk können alle drei Arten verwendet werden. Entsprechend den damit gegebenen Möglichkeiten ist die Vielfalt der in der Praxis anzutreffenden Kombinationen recht groß. Es scheint sich jedoch das Einkeil-Verfahren nach 1 für die Obergesenkbefestigung in letzter Zeit durchzusetzen. Die Gesenkverstellung liegt dabei in üblicher Weise beim Untergesenk.

Infolge der beim Schmieden auftretenden, durch außermittige Schläge verursachten freien Querkräfte beginnen selbst bei noch so gutem Festkeilen

Forschungsberichte des Wirtschafts- und Verkehrsministeriums Nordrhein Westfalen

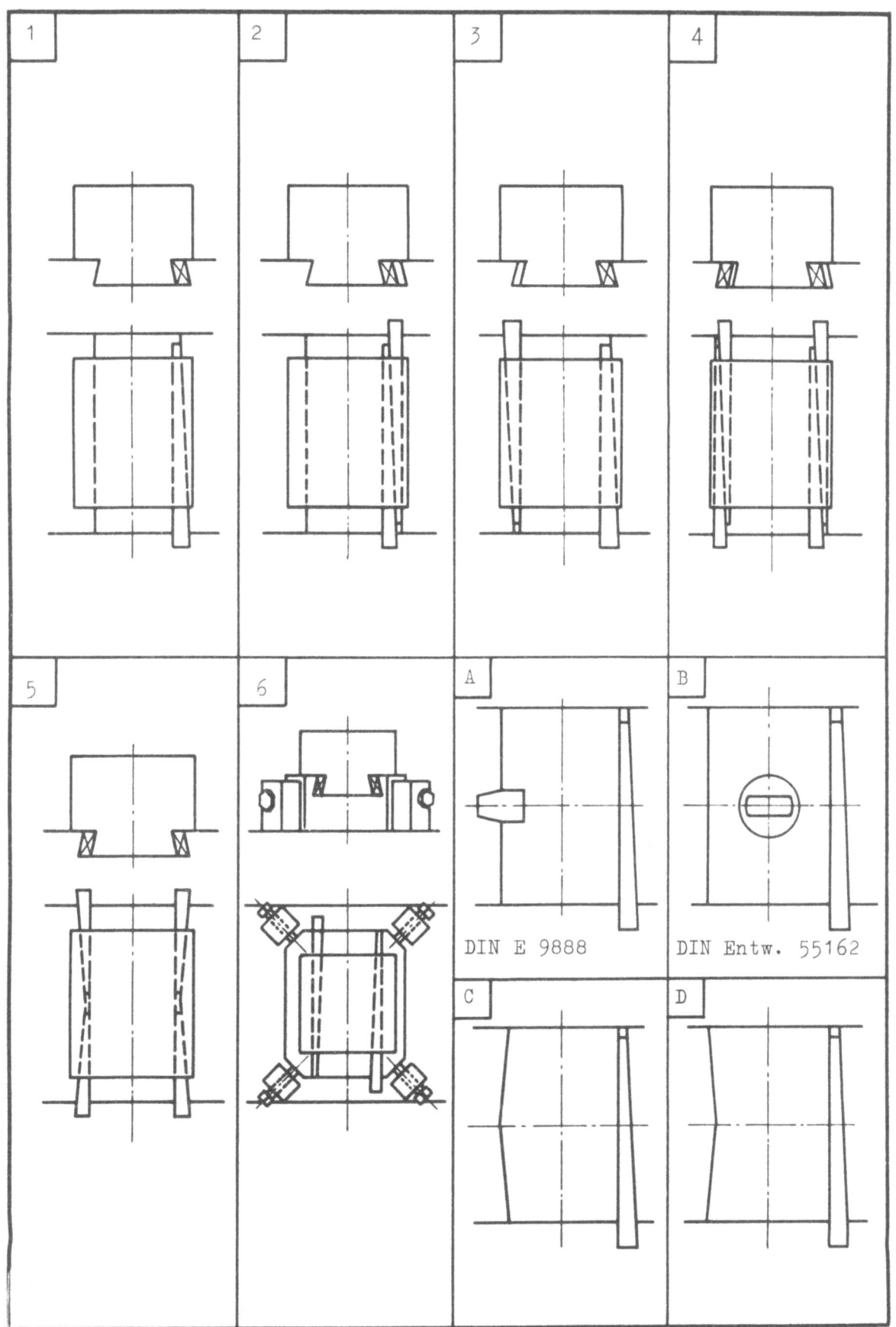

A b b i l d u n g 25

Gesenkeinbau im Schmiedehammer

in erster Linie alle Untergesenke zu wandern, d.h. sie verschieben sich in Schwalbenrichtung.

Freie Querkräfte am Hammer können folgende Ursachen haben:

1. Die Aufschlagflächen der Gesenke sind zueinander, nicht aber zur Auflage in Bär und Schabotte parallel, also nicht senkrecht zur Schlagrichtung.
2. Die Aufschlagflächen von Ober- und Untergesenk sind entweder schon im Ruhezustand nicht parallel oder sie sind es nicht beim Fall, weil der Bär infolge des Führungsspiels eckt.
3. Die Kraftwirkungslinie der Umformkräfte geht nicht durch den gemeinsamen Schwerpunkt von Bär und Obergesenk; dies ist bei verwickelten Gesenkformen unvermeidlich.

In besonderen Fällen können einzelne dieser Ursachen (besonders die dritte) derart überwiegen, daß eine bevorzugte Richtung eintritt. Bekanntlich hat die Kraftwirklinie häufig keine bestimmte Lage. Sie wandert vielmehr mit zunehmender Umformung von Schlag zu Schlag; dies wird anschaulich, wenn man sich z.B. zwei Zylinder verschiedenen Durchmessers und gleicher Ausgangshöhe in einem Gesenk gleichzeitig gestaucht denkt. Im Hinblick auf die Endgenauigkeit wird man trachten, beim letzten Fertigschlag die Kraftwirklinie mit der Schwerlinie Bär - Gesenke - Schabotte zusammenfallen zu lassen.

Infolge der Querkräfte müssen die Gesenke laufend nachgestellt werden, wenn der zulässige Längenversatz nicht zu groß werden soll. Geeignete Haltevorrichtungen - einige Beispiele zeigt Abbildung 25 - verhindern das Wandern der Gesenke. Sie müssen jedoch kräftig konstruiert sein, da sie sonst durch die Stoßkräfte bald beschädigt und somit nutzlos werden. Haltevorrichtungen erfordern genaue Arbeit der Gesenkmacherei, da ein Verstellen der Gesenke dann nicht mehr vorgenommen werden kann. Die Querverstellung des Obergesenks ist bei einigen Bauarten von Oberdruckhämmern durch die gemeinsame Verstellung beider Ständer auf der Schabotte möglich. Bei den gegenwärtigen Konstruktionen ist dieses Verfahren jedoch umständlich; es erfordert, da jeweils die Ständerbefestigungsschrauben gelöst und wieder angezogen werden müssen, eine zu lange Rüstzeit. Für das wirtschaftliche Genauschmieden erscheint es zweckmäßiger, von der Gesenkmacherei eine so große Genauigkeit bei der Gesenkherstellung zu verlangen, daß nach dem

Einbau in den Hammer und Festkeilen gegen feste Anschlagflächen (Art 1 und 2, Abbildung 25) die Gesenke "passen". Grundsätzlich ergeben sich dabei die vier in Abbildung 25 A - D gezeigten Möglichkeiten. Art A und B sind bereits praktisch ausgeführt und in Entwürfen genormt. Sie haben den Nachteil, daß die Haltesteine sich wegen der hohen Flächenpressungen verhältnismäßig schnell abnutzen und dann ihre Aufgabe nicht mehr einwandfrei erfüllen. Auch ergaben sich bei Art B Schwierigkeiten beim Auswechseln der Haltesteine, da die Bohrungen ebenfalls durch Ausschlagen leiden. Man setzt daher heute von vornherein starke Büchsen in den Schabotteneinsatz ein, die den Haltestein aufnehmen. Art C und C sind ebenfalls schon praktisch erprobt. Sie haben den Vorteil großer Anlageflächen, die einer Beschädigung sehr viel länger widerstehen. Die Herstellung der Gesenkfüße für C und D erfordert größeren Aufwand als für A und B.

Ob nun das Untergesenk oder Obergesenk und Untergesenk gegen Wandern gesichert werden, hängt von den Verhältnissen des einzelnen Betriebs ab. Will man sichergehen, so empfiehlt es sich, beide eindeutig festzulegen.

Zum Schluß dieses Abschnittes ist noch auf die Bedeutung einer ausreichenden, regelmäßigen Maschinenpflege hinzuweisen. Der beste Hammer muß nach kürzerer oder längerer Zeit für genaues Schmieden unbrauchbar sein, wenn er nicht laufend gereinigt, geschmiert, überprüft und instandgehalten wird.

Nachdem wir nunmehr die grundsätzlichen Zusammenhänge zwischen Gesenkschmiedeverfahren und Arbeitsgenauigkeit sowie den Einfluß der Gesenkschmiedehämmer behandelt haben, kommen wir im folgenden Abschnitt 3 "Einfluß der Beschaffenheit einer Gesenkhälfte" und anschließend daran im Abschnitt 4 "Einfluß des Zusammenwirkens beider Gesenkhälften" zum Kernpunkt dieser Arbeit, in dem auch Gesenkmaßveränderung und Versatz - beide haben hervorragenden Einfluß auf die Arbeitsgenauigkeit - eingehend untersucht werden.

3 Einfluß der Beschaffenheit einer Gesenkhälfte

Maße mit Bezug auf eine Gesenkhälfte sind Länge, Breite und in Sonderfällen, wenn die Form nur in eine Gesenkhälfte gelegt ist, auch die Dicke bzw. Höhe des Gesenkschmiedestückes. Daneben müssen natürlich auch bestimmte Vorschriften hinsichtlich Form (Rundungen, Seitenschrägen) und Lage (Abstand der Mittellinien von den Bezugskanten) eingehalten werden. Die Genauigkeit dieser Maße wird durch die Gesenkherstellgenauigkeit, die federnde und bildsame Verformung der Gesenke beim Schlag, die Gesenkmaßveränderung und schließlich durch das Schwinden beeinflußt.

Betrachtet man ein Los von Gesenkschmiedestücken aus einem Gesenk, so lassen sich die Auswirkungen der genannten Einflüsse genau erkennen (Abbildung 26). Bei zufälliger Verteilung ergibt sich eine Normal-Verteilungskurve. Ihre Streuung wird vom Schwindmaß und der federnden Verformung der Gesenke bestimmt, kann also in bestimmten Grenzen schwanken (T_{E_1} und T_{E_2} in Abb. 26) (Zufällige Fehler!). Werden nun in verschiedenen Abnutzungsstufen des Gesenkes nacheinander Teil-Lose entnommen und ausgemessen, so wandert das häufigste Maß im allgemeinen zu größeren Werten, d.h. die ganze Verteilungskurve verschiebt sich auf der Abszisse nach rechts. Bei gegebener Schmiedetoleranz T ist dabei die zulässige Gesenkmaßveränderung A nach Abbildung 26 von der Streuung des Teil-Loses T_E abhängig, d.h. je größer T_E, desto kleiner A. Hinsichtlich der Maß-

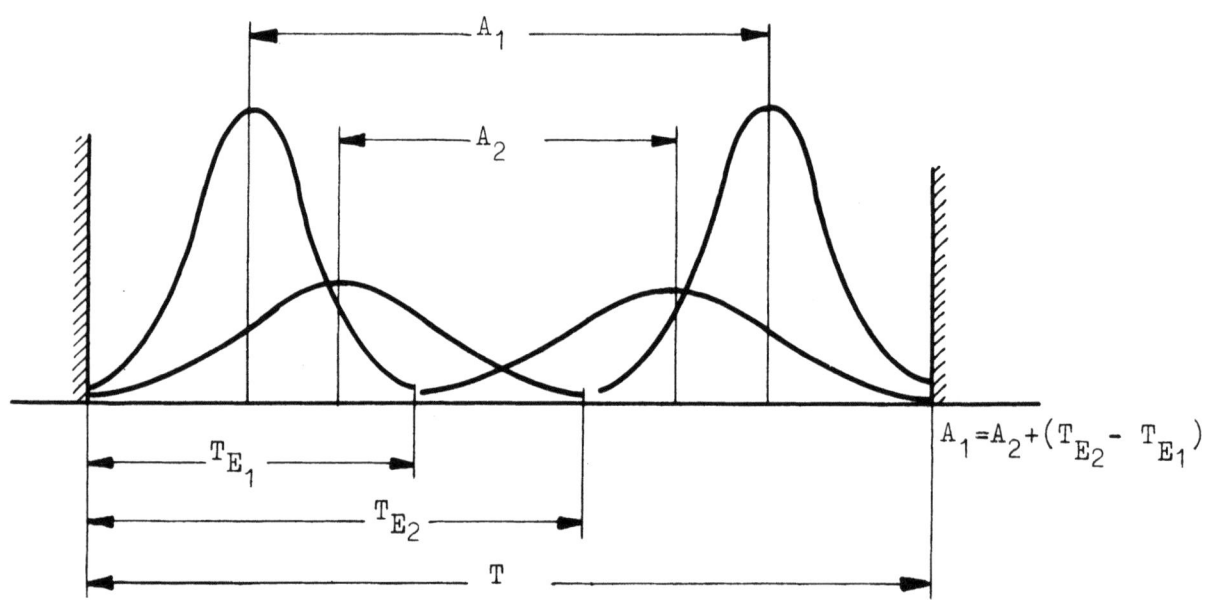

A b b i l d u n g 26

Eigenstreuung T_E, zulässige Gesenkmaßveränderung A
und Schmiedetoleranz T bei Gesenkschmiedestücken

haltigkeit besteht nun die Forderung, daß die gesamte Streubreite[16] der so entstandenen Verteilungskurve innerhalb der Toleranz T liegt. (Natürlich können hier auch Temperaturschwankungen über größere Zeiträume (andere Schicht, schwankender Gasdruck, Arbeitspausen) Schwindungsänderungen hervorrufen und so das Bild der Verteilungskurve verzerren. (Systematischer Fehler!) Es ist jedoch vorausgesetzt, daß keine derartigen Einflüsse vorliegen.) Die richtige Lage vom Gesenkmaß zum Toleranzfeld des Schmiedestückes wird in Abschnitt 6 untersucht werden. Seine Festlegung ist Aufgabe des Gesenkkonstrukteurs, dem dazu die im Betrieb auf Grund von Messungen gewonnenen Erfahrungen zur Verfügung stehen müssen.

31 Gesenkherstellgenauigkeit

311 Herstellverfahren und Genauigkeit

Die Gesenkherstellgenauigkeit sollte etwa 10 % der Toleranz für das Gesenkschmiedestück betragen, d.h. um 5 ISA-Qualitäten genauer sein. (Für Schmiedestücke der Genauigkeit f und m müßten demnach die Gesenke mit IT 8 bis 12 hergestellt werden.) Ob man praktisch bis zu 15 oder 20 % geht, ist im Einzelfall nach wirtschaftlichen Gesichtspunkten zu überprüfen. Bekanntlich steigen die Fertigungskosten mit enger werdenden Toleranzen hyperbolisch an (2), d.h. das genaue Gesenk wird teurer als das ungenaue. Bei kleiner Stückzahl lohnt es nicht, das Gesenk genau und teuer herzustellen, da es verschleißmäßig doch nicht ausgenutzt wird. Bei großer Stückzahl ist es jedoch wirtschaftlich, genaue Gesenke zu verwenden; die Kosten - auf das Schmiedestück bezogen - werden dann im allgemeinen geringer sein als bei Verwendung ungenauer Gesenke. Bei gleicher Schmiedetoleranz kann nämlich die Gesenkmaßänderung bei Gesenken mit engerer Herstelltoleranz entsprechend größer werden (Abbildung 26). Diese Frage werden wir in Abschnitt 6 wieder aufgreifen und dort auch die Abhängigkeit des Gesenkmaßes von Schmiedestückmaß, Schwindmaß, Herstelltoleranz und Streuung T_E behandeln.

---

16. Unter "Streubreite" wird die Spanne zwischen größtem und kleinstem Merkmalswert eines vorliegenden Kollektivs verstanden. Sie wird auch als "Spannweite" bezeichnet (Englisch: "range"). Im Deutschen Schrifttum ist die Bedeutung dieser Begriffe im allgemeinen nicht eindeutig festgelegt.

Abweichungen der Form gegenüber den Bezugskanten wirken sich nicht auf die Maßhaltigkeit (bezogen auf eine Gesenkhälfte), jedoch auf den Versatz aus. Beim Anreißen mit Reißnadel und Parallelreißer wird eine Genauigkeit von $\pm$ 0,1 mm erreicht. In den meisten Fällen genügt diese Genauigkeit. (Die in einigen Gesenkmachereien zum Teil noch geübte Praxis des Anreißens mit der Schieblehre ist jedoch zu verwerfen.) Wird jedoch eine höhere Genauigkeit verlangt, so muß unter Verwendung von Endmaßen angerissen werden. Häufig versieht man dabei die Flächen mit einem Lacküberzug; dieser wird angeritzt und die Linien mit einem geeigneten Ätzmittel auf die Oberfläche übertragen. Mit diesem Verfahren lassen sich Anreißgenauigkeiten bis zu etwa $\pm$ 0,02 mm erreichen. Voraussetzung dafür sind jedoch ebene, rechtwinklig zueinander stehende, sauber bearbeitete Bezugsflächen an den Gesenkblöcken.

Die Herstellung der Hohlform kann auf folgende Weise erfolgen:

1. Ausarbeiten von Hand
2. Vorfräsen und Nacharbeiten von Hand
3. Vorfräsen und Nachformfräsen, Oberflächenglätten von Hand
4. Vorfräsen und Nachformfräsen, Fertigbearbeitung (Feinschlichten) auf der Maschine (auch Drehen)
5. Vorfräsen und Prägen (keine Nacharbeit von Hand)
6. Kalteinsenken (ohne Nacharbeit von Hand)
7. Warmeinsenken, Nacharbeit (Glätten) von Hand
8. Ätzen

<u>Verfahren 1</u> ist sehr unwirtschaftlich und wird heute nicht mehr häufig angewandt.

<u>Verfahren 2</u> wird am häufigsten angewandt. Seine Maßgenauigkeit[17] beträgt etwa $\pm$ 0,1 bis $\pm$ 0,2 mm (s. Abschnitt 13) = IT 10/11 bei N = 400 - 500 mm bzw. IT 12/13 bei N = 18 - 50 mm.

<u>Verfahren 3</u> hat Verfahren 2 bereits in vielen Betrieben ganz oder teilweise verdrängt (Genauigkeit gleich der von Verfahren 2).

<u>Verfahren 4</u> erfordert vollselbsttätige Nachformfräsmaschinen, wovon so-

---

17. Unter Maßgenauigkeit einer Form ist exakt nur die Genauigkeit des Abstandes zweier ausgezeichneter Punkte zu verstehen, z.B. zwischen Kanten, Augen, Rippen usw.

Forschungsberichte des Wirtschafts- und Verkehrsministeriums Nordrhein-Westfalen

wohl neueste Entwicklungen mit hydraulischer, wie elektrischer Steuerung vorliegen. Die erreichte Genauigkeit beträgt ± 0,01 bis ± 0,05 mm (IT 7/10 bei N = 18 - 50 mm).

Verfahren 5 erfordert die gleichen Maschinen wie Verfahren 4. Durch Nachprägen der vorgefrästen Form wird sehr glatte Oberfläche und gute Maßhaltigkeit - diese hängt von der Maßhaltigkeit des Leistens oder Pfaffens ab - erzielt; letztere dürfte etwa ± 0,01 mm betragen[18]. (IT 7/10 bei N = 18 - 50 mm)

Verfahren 6 wird wenig angewandt und ist auch nur für kleinere Gesenke anwendbar, da die aufzubringenden Preßkräfte sonst zu groß werden. (Kalteinsenkpressen werden z.Zt. bis 2000 t Preßkraft gebaut.) Im allgemeinen wird daher heute noch Verfahren 5 der Vorzug gegeben, dessen Genauigkeit von Verfahren 6 auch erreicht wird. (Viel verwendet bei Kunststofformen)

Verfahren 7 erfordert große Sorgfalt hinsichtlich Temperaturführung und Entzunderung des einzusenkenden Blocks. Für das Einsenken werden meist Schmiedehämmer verwandt. Die Genauigkeit dieses Verfahrens liegt infolge nicht zu vermeidender Schwundeinflüsse, Verzunderung usw. bei ± 0,1 bis ± 0,2 mm.

Verfahren 8. Das Ätzen von Gesenkhohlformen ist ein sehr genaues Verfahren, das die Genauigkeit von Verfahren 4 bis 6 erreicht und noch übertrifft. Es ist jedoch sehr zeitraubend und daher teuer, da die Hohlform Schicht für Schicht in den Block hineingeätzt werden muß. Das Verfahren wird daher vornehmlich in der Besteckindustrie für Kaltprägegesenke angewandt, wo es auf gute Wiedergabe von Einzelheiten ankommt.

Fragen des Anreißens der Umrisse, Verwendung von Schablonen usw. müssen hier aus Platzmangel unberücksichtigt bleiben. Ihr Einfluß ist aber in den obigen Angaben enthalten. Es zeigt sich, daß die Forderung, Gesenkhohlformen mit einer Genauigkeit von IT 8 herzustellen, nur von Herstellverfahren, die hochwertige und damit teure Maschinen verwenden, erfüllt werden kann.

---

18. Ein Pfaffe ist als Werkstück mit Außenmaßen leichter meßbar als eine Hohlform mit Innenmaßen; außerdem wird an einem Bezugsstück für mehrere Gesenke mehr Arbeit auf Genauigkeit angewandt.

Forschungsberichte des Wirtschafts- und Verkehrsministeriums Nordrhein Westfalen

312 Messen der Gesenkmaße - Verfahren und Genauigkeit

Das Ausmessen der Hohlformen bereitet gewisse Schwierigkeiten. Erstens handelt es sich meist um Innenmessungen, zweitens fehlt infolge verfahrenstechnisch bedingter Gestaltung (Seitenschrägen, Rundungen) häufig eine eindeutige Bezugskante oder Ebene. Man zieht es daher meist vor, die Gesenkherstellgenauigkeit anhand von Abdrücken zu bestimmen, wobei eine gewisse Ungenauigkeit der Abdrücke in Kauf genommen werden muß. Tabelle 7 gibt einen Überblick über eine Reihe gebräuchlicher und ungebräuchlicher Abdruckmittel und die damit erreichbaren Genauigkeiten bzw. unvermeidbaren Ungenauigkeiten. Sie wurde an Hand einer Anzahl von Versuchsmessungen des Instituts für Werkzeugmaschinen an der Technischen Hochschule Hannover zusammengestellt.

Die Abdrücke müssen die durch ausgezeichnete Punkte bestimmten Maße der Hohlform mit einer noch festzulegenden Genauigkeit wiedergeben. Hier können wir etwa fordern, daß die Abdruckgenauigkeit die Größe der nach einer bestimmten ISA-Qualität zulässigen Ungenauigkeit um ein festgelegtes Maß nicht überschreiten darf. Die ISA-Qualitäten sind bekanntlich mit dem Stufensprung $\varphi = 1,6$ gestuft, d.h. die nächst ungenauere ist 60 % größer als die genauere Qualität. Verlangen wir nun eine Abdruckgenauigkeit von 30 %, bezogen auf die ISA-Qualität, mit der das Gesenk hergestellt wird, so liegen wir ungünstigstenfalls an der Grenze zwischen zwei ISA-Qualitäten. Das erscheint aber bei der Schwierigkeit, hier überhaupt exakt zu arbeiten bzw. zu messen, durchaus tragbar. Unter diesen Bedingungen können z.B. die Hohlformen von

Gesenken mit Herstellgenauigkeit IT 8 mit Abdruckverfahren 1, 7 und 8
" " " IT 9 " " 2
" " " IT 10 " " 4, 6 und (9)
" " " IT 11 " " 3 und 5

"genau" abgedrückt werden.

Beim Ausmessen der Abdrücke sind dabei die Meßwerte um die in Tabelle 7 angegebenen Beträge zu berichtigen[19].

---

19. Diese Angaben sind auf ein Nennmaß von 20 mm bezogen.

Tabelle 7
Abdruckmittel und ihre Genauigkeit

Lfd. Nr.	Abdruck-werkstoff	Analyse	Abdruck-verfahr.	Schmelz-punkt	Maßhaltigkeit Wachsen Schwinden		Zeitpunkt d. Messung	Oberfl.-abbildg.	Bemerkungen
1	Niedrig-schmelzen-de Legie-rung	50,0 Bi 26,7 Pb 13,3 Sn 10,0 Cd	Gießen	70°C	0,13 ±0,02 %		Nach Ab-kühlung auf Meß-raumtemp.		Proben wurden in kalte (20°C) zweiteilige zylindrische Form mit dinnen = 20 mm, Daußen = 60 mm und H = 45 mm gegossen. Nach Abkühlen auf 20°C wurden die Proben entnommen und aus-gemessen. Starke Streuung der Maßabwei-chungen infolge unterschiedli-cher Konzentration b. lfd.Nr.3)
2	"	55,5 Bi 44,5 Sn	"	124°C	0,20 ±0,03 %				
3	"	48,0 Bi 28,5 Pb 14,5 Sn 9,0 Sb	"	103°C	0,28 ±0,14 %		1 - 2 h nach Gießen		s. Bem. zu 1 - 3
4	Hüttenblei 99,98 Pb	99,98 Pb	"	327°C		1,185 ±0,04 %			
5	"	"	Kneten		Maße: ± 0,020 mm bez.auf 40 bzw. 20 mm Winkel: ± 7' bez.auf 30			Makro-sko-pisch gut	Bleizylinder 40 ∅, 35 mm hoch wurden in eine konische Form (Wandneigung 3°) geschlagen. Meßwerte sind Mittel aus Mes-sungen an 5 Proben
6	Siegellack		Gießen			0,205 ±0,065 %	Nach Er-starren u. Abkühlen auf 20°C	"	Siegellack in gleiche Form gegossen wie unter 1 - 3
7	Stents Abdruck-masse		Kneten			0,375 ±0,025 %	"	"	Die Masse wurden in 60°C warmem Wasser gut durchgeknetet und von Hand in die Form gedrückt
8	Silber-Kupfer-Amalgam		Kneten			0,035 ±0,005 %	24 h nach Abdruck-nehmen	"	Amalgam erwärmt bis Quecksilber-perlen austraten, dann in Mörser zu Paste verrieben und in Form gestampft. Giftige Quecksilber-dämpfe. Vorsicht ! ⌀ = 20°C
9	Modell-gips		Gießen		0,27 ±0,02 % 0,34 ±0,06 %		48 h nach Gießen 72 h nach Gießen		Gips wurde dünnflüssig in die gleiche Form wie unter 1-3 ge-gossen. - = 20°C. Form war hauchartig m.Instrumentenfett gefettet.

Es ist anzunehmen, daß sich je nach Abmessungen von Gravur und Gesenkblock und entsprechend dem Temperaturverlauf die Abkühlbedingungen und damit das Schwinden bzw. Wachsen ändern können. Am wenigsten werden diesen Schwankungen Abdruckverfahren bei niedrigen Temperaturen unterworfen sein (Nr. 1,6,7 und 8). Man sollte annehmen, daß Gips aus diesem Grunde auch besonders gut geeignet sei. Das Abbinden von Gips ist jedoch von Brenntemperatur und Wasserzusatz abhängig, die beide schwanken, und kann daher nicht genau beherrscht werden. Als Folge davon wird zum Teil Schwinden, zum Teil Wachsen der Abdrücke festgestellt. Nach eigenen Beobachtungen sind zudem Gipsabdrücke starkem Verzug unterworfen, der wohl auf das langsame restlose Abbinden des Gipses zurückzuführen ist. Wenn dieser trotzdem das meistgebrauchte Abdruckmaterial ist, so dürfte das seiner Billigkeit zuzuschreiben sein.

Mit Erfolg hat man in neuerer Zeit in der Praxis folgendes Verfahren angewandt: Die beiden Gesenkhälften werden mit einer ringsum dichtenden, wärmebeständigen Zwischenlage (wenige mm dick) aufeinander gelegt, zusammengeklemmt und mit Blei ausgegossen. Nach Erkalten von Bleigußstück und Gesenk und Entfernung der Zwischenlage wird ersteres unter eine Spindelpresse oder unter einem Fallhammer mit leichten Schlägen so lange in die Form geschlagen, bis die Aufschlagflächen aufeinanderstoßen. Die erreichte Abdruckgenauigkeit IT 1o/11 genügt zum Ausmessen von Arbeitsgesenken, in denen Schmiedestücke mit IT 15 bis 17 geschmiedet werden sollen. Bei kleineren Teilen können auch Bleibutzen unmittelbar in die Form geschlagen werden.

Entsprechend der bekannten Faustregel sollten die Gesenkmaße mit fünf- bis zehnfacher Genauigkeit gemessen werden, d.h. für Gesenke mit Herstellgenauigkeiten zwischen 0,05 und 1,0 mm müssen Meßgeräte mit einer Meßgenauigkeit von 0,005 bis 0,1 mm verwandt werden. Man ersieht daraus, daß die Herstellung der - vom Standpunkt der spanenden Fertigung gesehen - verhältnismäßig ungenauen Gesenkschmiedestücke bei der Werkzeugherstellung Meßmittel erfordert, die das genaue Messen von 5 μ gestatten. Bei der Wahl des Meßverfahrens ist zu berücksichtigen, daß die Meßunsicherheit zur Herstelltoleranz hinzuzufügen ist. Da es sich hier um Einzelmessungen an einem Werkzeug und nicht um das Prüfen eines Loses gleicher Teile handelt, wird sich die Anwendung von Meßgeräten mit großer Genauigkeit immer empfehlen (29). Die Schieblehre (Meßunsicherheit 0,2 - 0,3 mm) sollte als Mittel zum Messen der die Werkstückform bestimmenden Maße aus

Forschungsberichte des Wirtschafts- und Verkehrsministeriums Nordrhein Westfalen

der Gesenkwerkstatt auf jeden Fall verbannt werden, da sie selbst bei größten Gesenkherstelltoleranzen (1,o mm) nicht genau genug mißt.

32 Gesenkmaßveränderung

Die Gesenkmaßveränderung ist die Maß- und Formänderung der Hohlform während des Schmiedens. Sie ist die Summe von zwei Haupteinflüssen:

1. Verschleiß infolge Reibung des Werkstoffes an den Wandungen der Form,
2. Verformung des Gesenkes. Diese kann sowohl ein Aufweiten als auch ein Verengen der Hohlform bewirken.

Beide Einflüsse überlagern sich. Je nach Gesenkgestaltung, Grad des Vorschmiedens, Werkstoff von Gesenk und Stück, Schmiedetemperatur, Arbeitsvermögen des Hammers (Bärgewicht, Bärendgeschwindigkeit) überwiegt der Verschleiß oder die Verformung.

Zur Klärung der damit zusammenhängenden Fragen wurden in Betrieben Beobachtungen und Messungen an einer Reihe von Gesenken im Laufe ihrer Lebensdauer vorgenommen, über die nachstehend berichtet wird.

321 Meßverfahren

Die Messungen wurden an Blei-Abdrücken vorgenommen, die laufend während der Pausen zwischen den einzelnen Schmiedestücken entnommen wurden. Die Abdruckgenauigkeit kann nach Abschnitt 31 als ausreichend angesehen werden. Folgende Fehlermöglichkeiten treten jedoch beim Schlagen von Blei ins Gesenk zusätzlich auf:

321.1 Erwärmung der Bleikörper beim Schlagen

321.2 Schlageinflüsse

    a) Abdruck nicht voll ausgeschlagen (an Gratdicke zu erkennen)
    b) Zusammenfedern der Gesenke beim Schlag
    c) Bildsame Verformung der Aufschlagflächen
    d) Schiefes Aufeinanderschlagen der Gesenkhälften.

Alle aufgeführten Einflüsse lassen sich durch sorgfältige Temperaturüberwachung der Gesenke und vorsichtiges Schlagen bei der Abdruckentnahme klein halten. Beim Ausmessen lassen sich die verbleibenden Fehler erkennen und ausgleichen.

Neben dem Ausmessen maßgetreuer Abdrücke wurde die Gesenkabnutzung auch als Änderung des Mittelwertes einiger über die Lebensdauer hinweg entnommener Teil-Lose von Schmiedestücken ermittelt. Dabei ergaben sich auch Anhaltswerte für die Größe der Streuung T_E, die bei den Messungen zwischen 0,7 und 1,3 mm schwankte. Sie ist selbstverständlich von den Abmessungen des Stückes abhängig. Abbildung 27 veranschaulicht die Gesenkmaßveränderung an einem kleinen Kreuzstück, die nach ~3.200 Stück 0,28 mm beträgt.

322 Bildsame Verformung der Hohlform durch Schläge

Schlagwirkung (Preßkraft), Reibung und Wärmeeinwirkung sind die Hauptursachen für das Unbrauchbarwerden von Warmarbeitsgesenken (30). Daneben wirken auch Form, Abmessungen und Werkstoff des Werkstückes ein (31). Beim Ausfüllen der Hohlform mit Werkstoff lassen sich nun folgende Verformungen unterscheiden:

a) Verformung der Kanten (Abbildung 28 und 29)

b) Verformung der Wandungen (Abbildung 30)

Beide Verformungen treten meist nicht allein, sondern gleichzeitig auf. Ein Herunterdrücken findet statt, wenn z.B. die Stange oder der vorgeformte Rohling beim Schlagen in die Form auf die Kanten drückt (Abb. 28). Hierzu gehört auch die Abplattung von Dornen, Stegen usw. (Abb. 29). Ein Aufweiten ist häufig bei tiefen Hohlformen zu beobachten (Abb. 30). In der Praxis ist jedoch nie reine Verformung, sondern stets auch Verschleiß vorhanden.

323 Verschleiß

Betrachtet man abgenutzte Schmiedegesenke, so lassen sich mit bloßem Auge drei Zonen unterscheiden:

	Kennzeichen:
1. Druckzone	Blankdrücken, Verformung
2. Schubdruckzone	Querrisse, Abblättern
3. Gleitreibungszone	Abtragung, Riefen, Auskolkung

Besonders bei flachen Gravuren sind alle drei Zonen deutlich ausgeprägt. Abbildung 31 zeigt den Endzustand von zwei verschiedenen Schmiedegesenken mit den eingezeichneten Zonen.

Forschungsberichte des Wirtschafts- und Verkehrsministeriums Nordrhein Westfalen

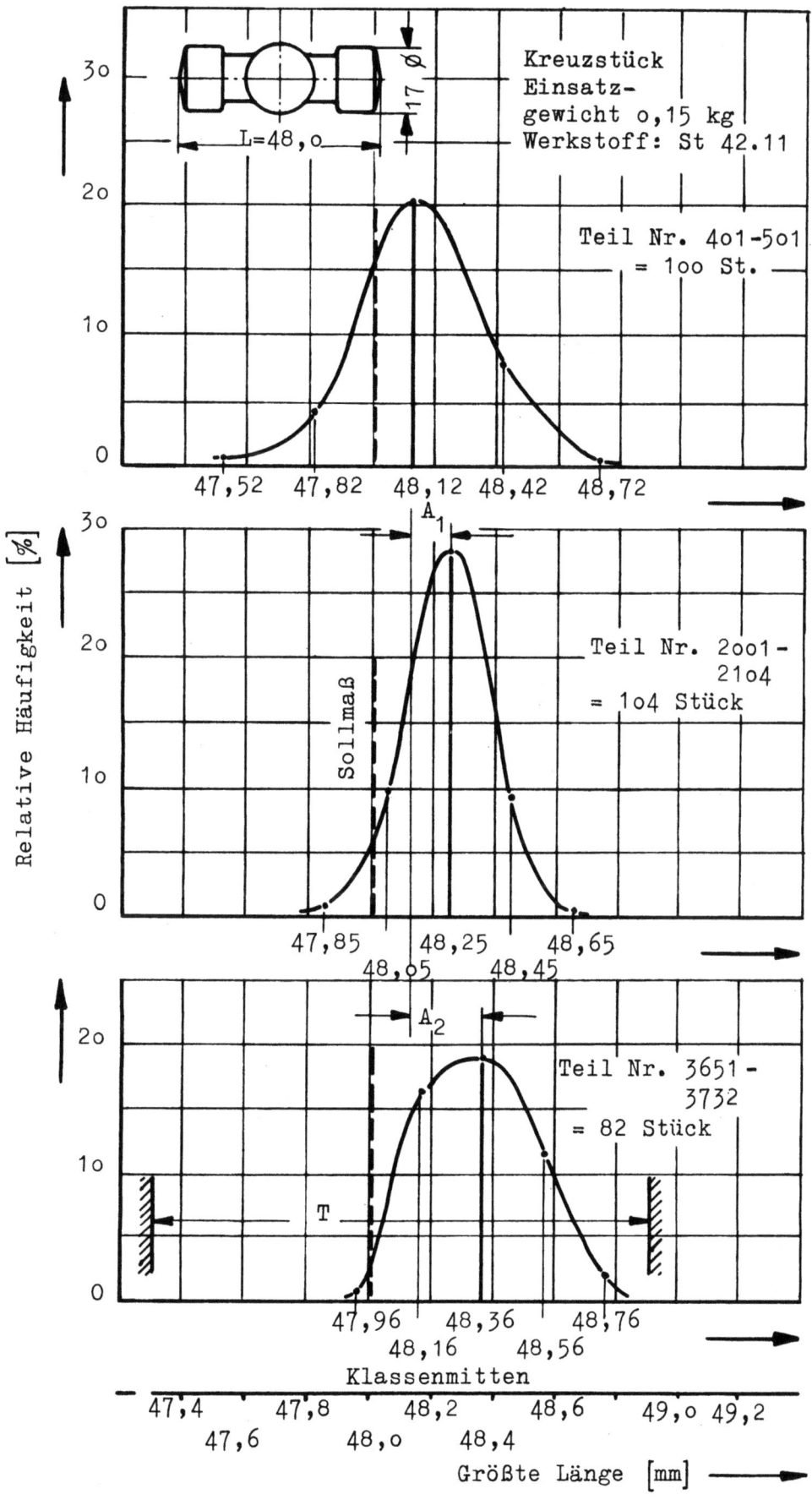

Abbildung 27

Maßstreuung bei Gesenkschmiedestücken

A_1, A_2 = Gesenkmaßveränderung, T - Toleranz nach DIN 7524

Seite 59

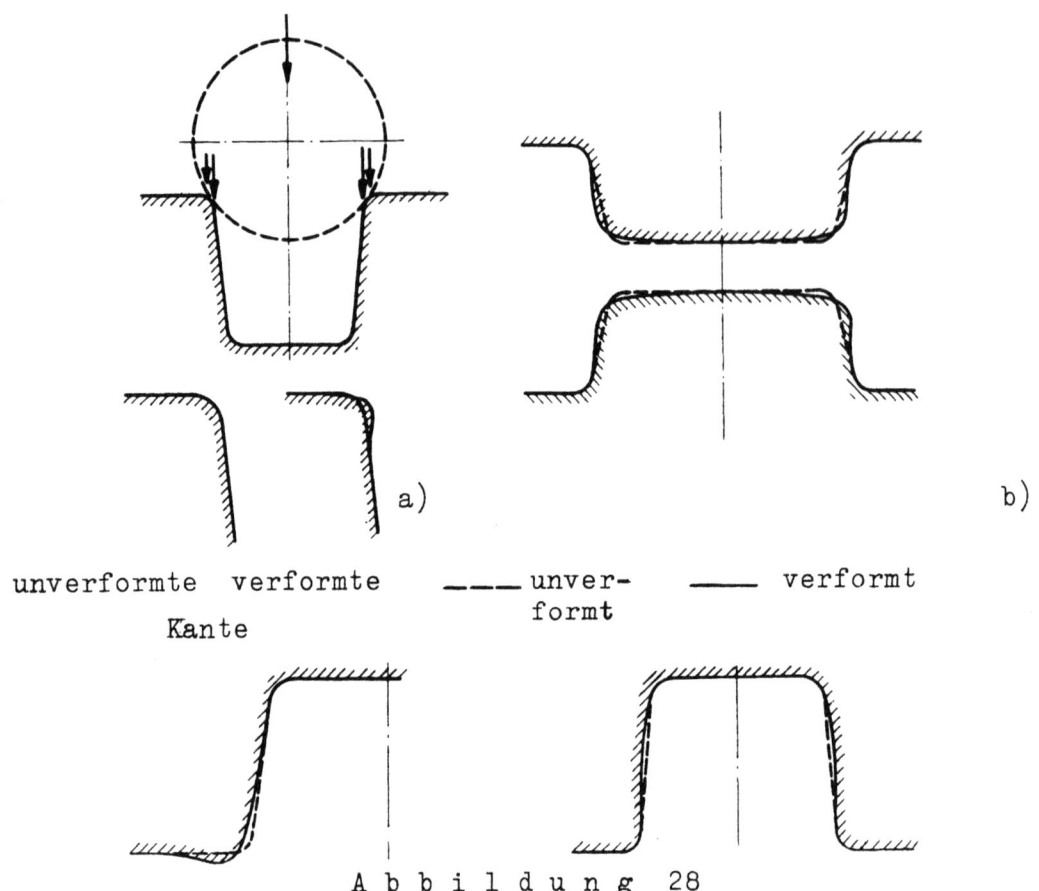

unverformte verformte Kante   ---- unverformt —— verformt

Abbildung 28
Kantenverformung an Schmiedegesenken:
Herunterdrücken

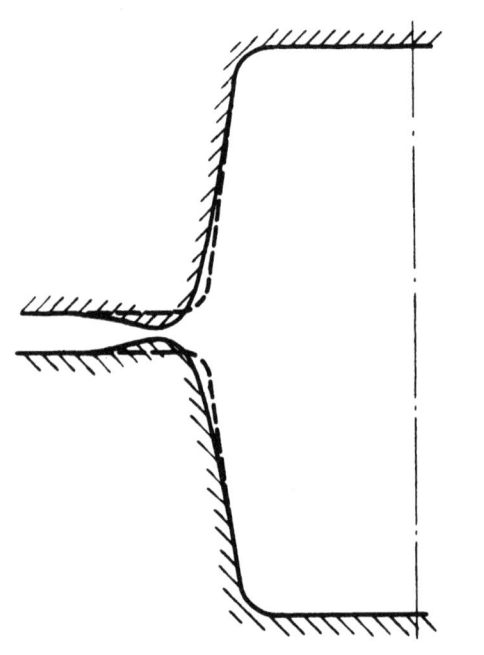

Abbildung 29
Kantenverformung an Schmiedegesenken:
Hochdrücken

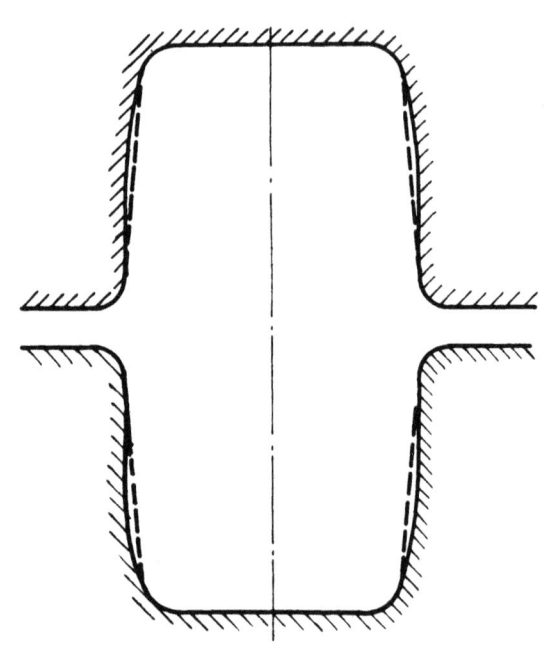

Abbildung 30
Verformung an Schmiedegesenken:
Aufweiten

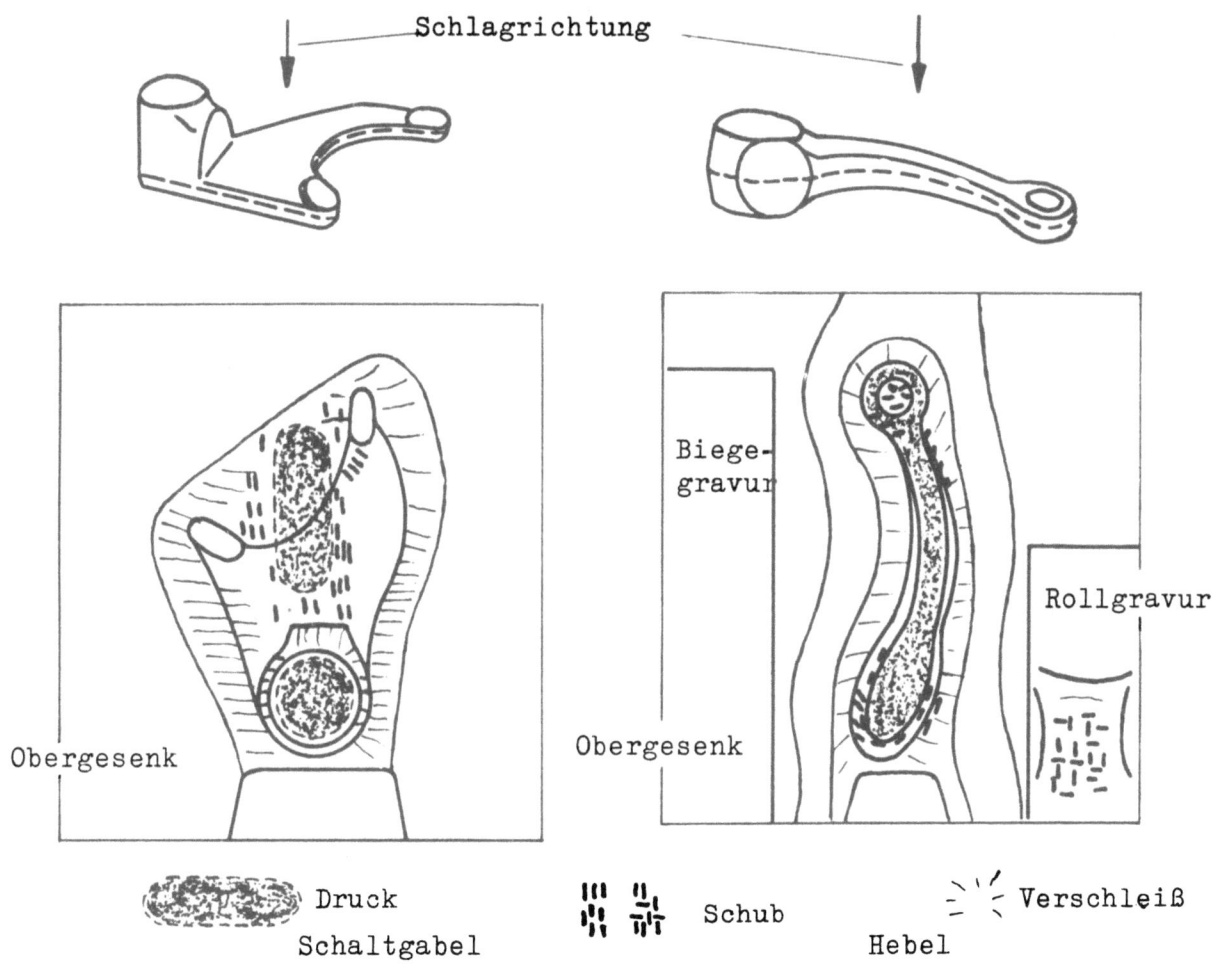

Abbildung 31
Verschleißzonen an Gesenken beim Schmieden von der Stange

Die Druckzone - die Zone, auf die nur Druck ausgeübt wird - ist bei allen Gesenken vorhanden, da jedes Gesenkschmieden mit einem Stauchvorgang beginnt. In ihr fließt der Werkstoff nicht.

In der Gleitreibungszone dagegen ist die zu den Gesenkwänden parallele Kraftkomponente so groß, dass ein Gleiten des Werkstoffes auftritt. Die Gleitreibungszone befindet sich an dünnen Stegen und am Übergang zur Gratzone und in dieser selbst. Der schnell gleitende Werkstoff vertieft dabei feine Oberflächenriefen und -risse durch Abrieb und führt so zu einem Flächenverschleiß, d.h. die Flächen werden unter geringer Werkstoffabtragung aufgerauht. Bei größeren Geschwindigkeiten wird dann Riefenverschleiß daraus, d.h. es werden tiefe Furchen, die bis über 1 mm in den Gesenkwerkstoff hineingehen können, gegraben. Ändert der Werkstofffluß an solchen Stellen hoher Geschwindigkeit seine Richtung, so kann es zu glatten Auskolkungen kommen (selten).

Die Schubdruckzone ist die Übergangszone zwischen den beiden anderen Zonen. In ihr wirken große Kräfte senkrecht und parallel zur Gesenkwand. Es kommt dabei noch nicht zur Gleitreibung, sondern zu Haftreibung. SPITZNER (30) beobachtete bei Verschleißuntersuchungen an Spindelpressengesenken strahlenartige Figuren, also Fließfiguren, wie sie sonst beim Kaltpressen festgestellt werden, was als Bestätigung dieser Auffassung angesehen werden kann. Nach ASSMANN (11) tritt dabei ein örtliches Verschweißen, besser Fressen, der Schmiedegutteilchen an den Gesenkwänden auf. Deren obere Schichten werden dabei gegeneinander verschoben und in Richtung der wirkenden Kraft bewegt.

324 Wärmeeinwirkung auf die Oberflächenschichten der Gesenke

Bei zahlreichen Temperaturmessungen an Gesenken in verschiedenen Betrieben wurden als höchste Gesenkblocktemperaturen $150°C$ an Ober- und Untergesenken gefunden (Tabelle 5). Weitere Messungen ergaben Durchschnittswerte von etwa $70 - 80°C$ bei Stückgewichten bis 0,5 kg. Diese Temperaturen sind so niedrig, daß das Härte- bzw. Vergütungsgefüge der Gesenkblöcke dadurch nicht beeinflußt wird. Ein Abfall der Blockhärte konnte auch in keinem Fall festgestellt werden.

An der Oberfläche treten bei der Berührung mit dem Schmiedegut jedoch höhere Temperaturen auf. Sie sind abhängig von der Wärmeübergangszahl, der Masse des Schmiedegutes, der Berührungsfläche und -zeit. Beim Hammerschmieden liegt die Oberflächentemperatur im Untergesenk bei ständigem Lüften um $350°C$ (Augenblickswerte beim Schlag), wie sich aus der Beobachtung der Anlauffarben ergab. An Stegen, Kanten usw. kann die Temperatur bei Festklemmen des Stückes $\sim 700°C$ und mehr erreichen. Hierbei wird das Vergütungsgefüge des Gesenkwerkstoffes verändert. Infolge der schlechten Wärmeleitfähigkeit der meist verwandten Chromnickelstähle ist die durch Wärme beeinflußte Zone jedoch nicht tief. Härtemessungen an einem mehrfach beim Schmieden rotwarm gewordenen Steg ergaben eine wärmebeeinflußte Zone von 1,5 bis 2 mm Tiefe. Auf diesem Weg ist also die Oberflächentemperatur von $\sim 650°C$ auf die Anlaßtemperatur von $\sim 480°C$ abgefallen. (Werte aus der Anlaßkurve des betreffenden Stahles 40CrMnMo7 entnommen). (Abbildung 32) Die im Arbeitstakt aufeinanderfolgende Erwärmung und Abkühlung der oberen Gesenkschichten beim Schmieden ruft eine Wärmewechselbeanspruchung hervor, die die Dauerfestigkeit des Werkstoffs übersteigen und damit zur Rißbildung führen kann (32). Neben diesen durch

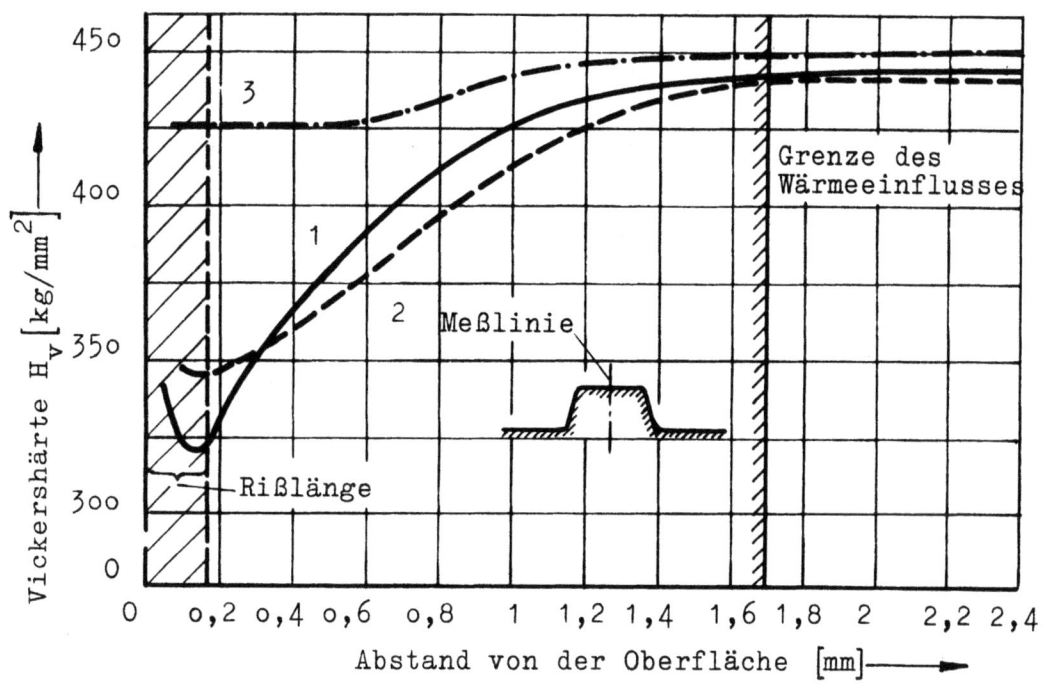

Abbildung 32

Härteverlauf an einem mehrfach rotwarm gewordenen Gratsteg

1 = Druckzone 2 = Schubdruckzone 3 = Reibverschleißzone

Wärmespannungen im Gesenk hervorgerufenen Rissen finden sich im Gesenk noch Ermüdungsrisse, die meist in der Schubdruckzone senkrecht zur Schubspannungsrichtung liegen. Sie sind an ihrer parallelen Lage zueinander leicht zu erkennen. Kerbrisse gehen meist von tiefer gelegenen Kanten aus und führen häufig zum Dauerbruch. Alle diese Risse, auch die von der Bearbeitung noch herrührenden Riefen, geben gute Angriffspunkte für den Verschleiß.

Es ist offensichtlich, daß die dünne, mit Rissen durchzogene und weichere obere Schicht des Gesenkwerkstoffes dem mechanischen Angriff durch Druck, Schub und Reibung weniger zu widerstehen vermag. In dieser Schicht spielt sich der eigentliche Gesenkverschleiß ab. Die Wärme ist dabei als Wegbereiterin für Verschleiß und auch Verformung anzusehen. Die Risse machen gleichzeitig die Gesenkoberfläche rauh und bewirken damit eine entsprechend schlechte Oberfläche der Schmiedestücke.

325 Gesenkmaßveränderung als Folge von Verformung und Verschleiß

Eine systematische Beobachtung der Gesenkmaßveränderung war dem Verfasser beim Schmieden von Spinnringen möglich. Nach Abbildung 33 zeigte sich bald nach Beginn des Schmiedens ein Herunterdrücken der oberen Kante. Die damit

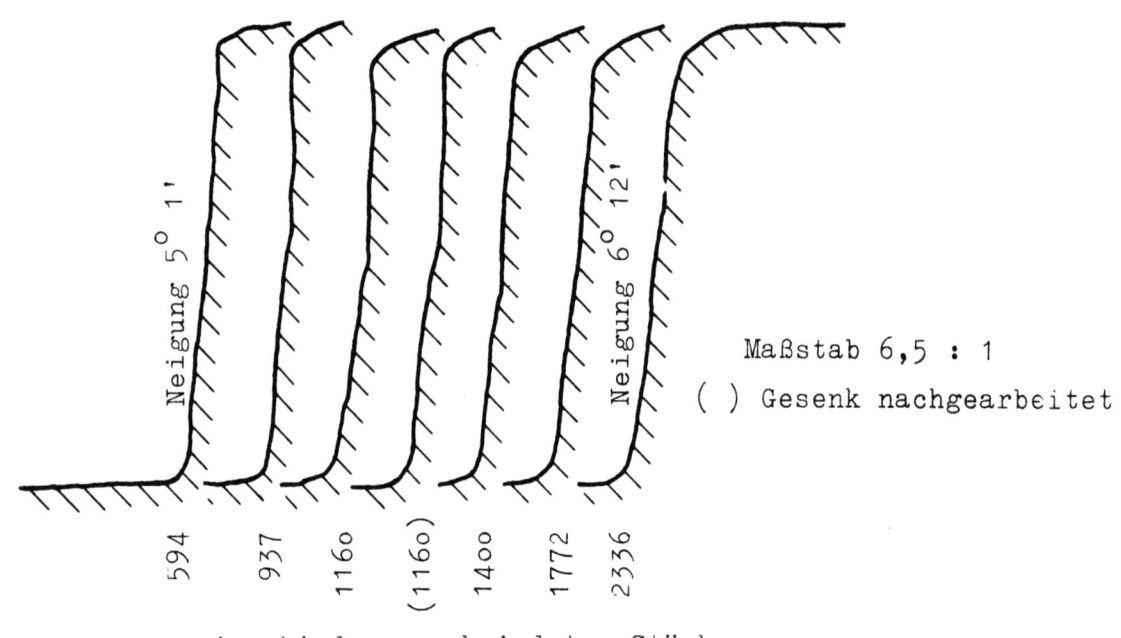

Abbildung 33
Verschleiß und plastische Verformung an einem
Schmiedegesenk für Spinnringe (Längsschnitt)

eingeleitete Ausbildung einer konkaven Wandform wurde durch Aufweiten
auf halber Höhe noch verstärkt. Diese Aufweitung ist eine Folge der in
der Hohlform wirkenden Kräfte; sie müßte an sich an der Oberkante der
Form am größten sein, doch überlagert sich hier bereits der größere
Einfluß der Kantenverformung. (Die Kräfte in der Hohlform können ein
Vielfaches der Formänderungsfestigkeit des betreffenden Werkstoffes
betragen.) Im weiteren Verlauf des Schmiedens wird die gesamte Wand
vermutlich infolge Verschleiß wieder eben; ihre Neigung ist jedoch größer als im neuen Gesenk. Auch die Kanten runden sich stärker ab. Auf
dem Grund der Form ändert sich das Maß D entsprechend Abbildung 34. Die
Maßänderung im Obergesenk ist dabei größer als im Untergesenk. Dies ist
auf die größeren Gleitwege der Werkstoffteilchen im Obergesenk zurückzuführen. Auch einige Beobachtungen an einem Schaltgabelgesenk ergaben
größere Abnutzung des Obergesenkes. Eine größere Abnutzung des Untergesenkes im Verhältnis zum Obergesenk konnte in keinem Fall festgestellt werden. Eine Änderung von Eckenausrundungen wurde nicht beobachtet.

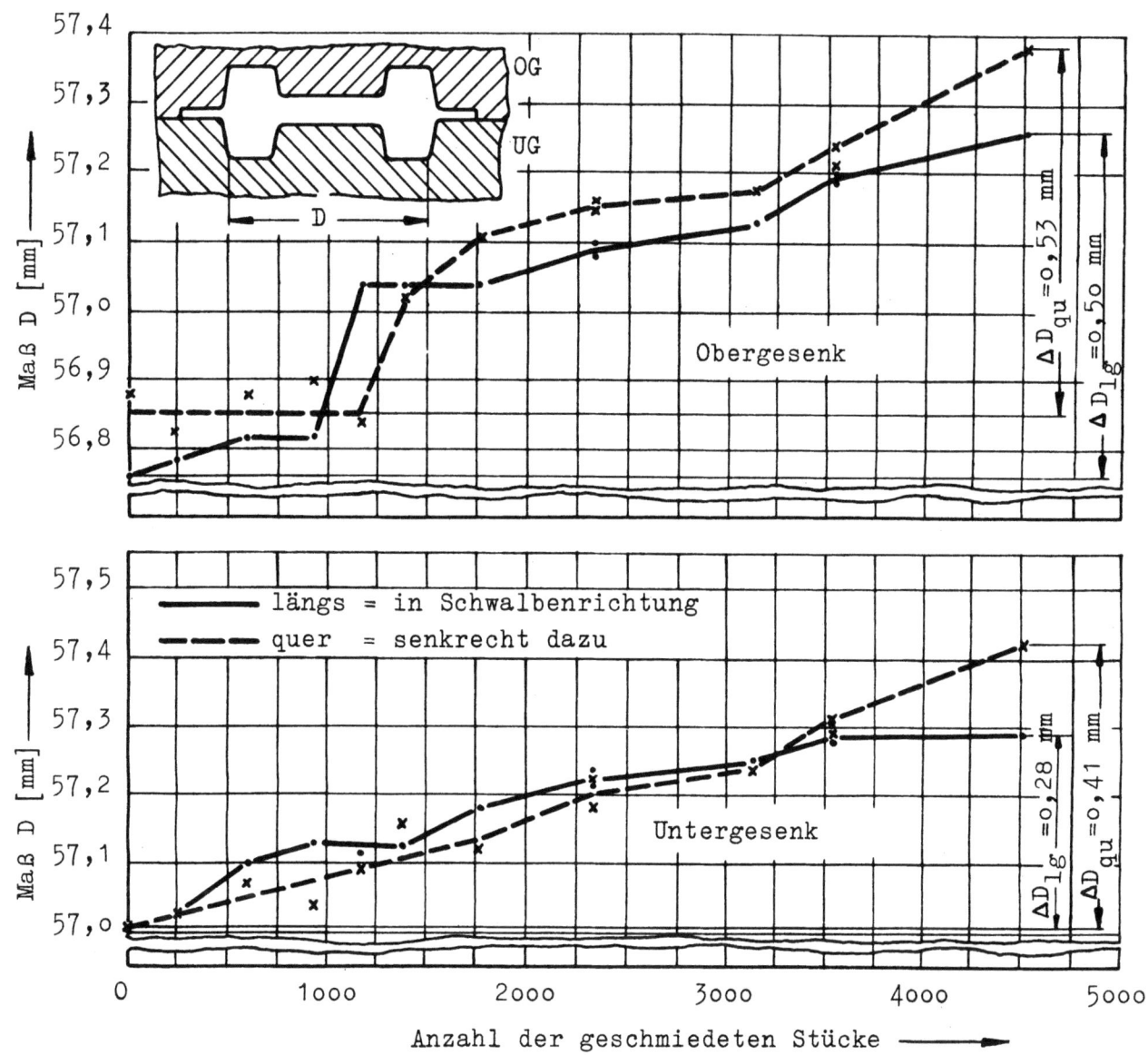

Abbildung 34
Maßänderung an einem Schmiedegesenk für Spinnringe
beim Schmieden von der Stange

326 Einfluß des Schmiedestückwerkstoffes auf die Gesenkmaßveränderung

Bei der Untersuchung der Gesenkmaßveränderung müssen wir von der Wechselbeziehung zwischen Werkstückstoff und Gesenk ausgehen, wenn wir alle Einflüsse erfassen wollen. Vor allem spielen im Hinblick auf den Verschleiß Affinitätsvorgänge eine große Rolle; diese sind jedoch zum Teil auch noch nicht erforscht. Gewisse Parallelen hierzu sind in der Spanbildung beim Drehen usw. zu erblicken. Hier zeigt sich auch der große Einfluß der Temperatur, bei der die Vorgänge ablaufen, auf die Ausbildung des

Spans, z.B. als Fließ- oder Scherspan. Dieser Hinweis auf die Verschleißvorgänge beim Spanen mag hier genügen. Ist man dort schon zu gewissen Erkenntnissen gekommen, so fehlen ähnliche Untersuchungen über den Warmververschleiß beim Gesenkschmieden noch ganz. Aus der Praxis wissen wir zwar, daß hochlegierte Stähle mit großem Formänderungswiderstand bei Schmiedetemperatur die Gesenke auf Verformung und Verschleiß wesentlich mehr beanspruchen als gewöhnliche Stähle mit kleinem Formänderungswiderstand; Meßergebnisse liegen jedoch nicht vor. Wir ersehen daraus, daß auf diesem Gebiet noch eine Fülle weiterer Forschungsarbeit zu leisten ist.

327 Maßnahmen zur Verminderung der Gesenkmaßveränderung

Für die Verminderung der Gesenkmaßveränderung ergeben sich im allgemeinen folgende Möglichkeiten:

327.1 Werkstofftechnische Maßnahmen

Richtige Wahl des Gesenkblockgefüges (Gesenkhärte) (32).
Übergang zu härteren Gesenkwerkstoffen mit besserer Warmfestigkeit.

327.2 Gestaltungstechnische Maßnahmen

Verwendung großer Kanten- und Eckenausrundungen. Verwendung großer Schrägen an schmalen Rippen usw. Richtiges Verhältnis zwischen Stückgröße und Gesenkblockgröße (31).

327.3 Verfahrenstechnische Maßnahmen

Schmieren der Gesenke mit einem geeigneten Schmiermittel. Schmieden an der oberen Grenze der Schmiedetemperatur (k_w klein!). Rechtzeitiges Ausschleifen von Rissen und Glätten rauher Oberflächen.

327.4 Oberflächenausbildung

Verwendung riefenfreier, polierter Gravurflächen. Anwendung folgender Verfahren zur Verbesserung der Oberflächengüte:

1. Hartverchromen
   Anwendung nach augenblicklichem Stand auf flache Gravuren beschränkt (33). Wahl der richtigen Härte der Hartchromschicht bringt Verbesserung der Gesenklebensdauer (34).

2. Elektrolytisches Polieren (35)
   (Ergibt glattere Oberflächen als Handpolieren)

3. <u>Nitrieren</u> (36)

4. <u>Brünieren</u>; Aufbringen von nichtmetallischen Schichten[20] (11)

5. <u>Druckstrahlläppen</u> (37)

   Glättung der Oberfläche durch ein mit Druckluft darauf geschleudertes Gemisch aus Läppkorn und Flüssigkeit.

Alle Oberflächenverbesserungsmaßnahmen beseitigen mehr oder weniger die Angriffspunkte für den Reibverschleiß. Sie verbessern demnach die Widerstandsfähigkeit der Gesenke gegen Druckbeanspruchung nicht.

327.5 A n d e r e   M a ß n a h m e n

Zundervermeidung bzw. Zunderentfernung vor dem Schmieden. Richtige Ausbildung der Vorform (s. Abschnitt 33).

33 Die Beziehung zwischen Vorform und Fertigform in Hinblick auf die Gesenkmaßveränderung

Verformung und Verschleiß am Fertiggesenk lassen sich bei richtiger Abstimmung zwischen Vorform und Fertigform weitgehend herabsetzen. Zu diesem Ergebnis führten eigene Schmiedeversuche in einem Versuchsgesenk. Bei der gewählten Vorform nach Abbildung 35 (Form 3) liegt der vorgeschmiedete Körper auf dem Grund der Fertigform (Form 1) auf. Ein Druck auf die Gratkanten der Fertigform beim Schlag findet nicht statt. Bei richtiger Bemessung des Inhaltes beider Formen tritt beim Schlag nur ein Stauchen und dabei ein Anlegen des Werkstoffes gegen die Wand der Fertigform auf, ohne daß ein nennenswertes Gleiten zu verzeichnen ist. Zur experimentellen Bestätigung dieser Überlegungen wurden Versuche mit zwei verschiedenen Vorformen bei gleichen Fertigformen durchgeführt. Am zweiten Paar Formen (2 - 4) sollte im Gegensatz zum ersten Paar (1 - 3) beobachtet werden, ob erwartungsgemäß Verschleiß und Verformung wesentlich größer werden, wenn die Abstimmung nicht wie beschrieben erfolgt. In der Tat wurde das bestätigt. Beide Fertigformen waren maßlich gleich.

---

20. Das polierte, vergütete Gesenk wird mit einem Gemisch aus Heißdampfzylinderöl mit 10 % kolloidalem Flockengraphit bestrichen und bei 300 - 400°C eingebrannt. Beim Schmieden bildet sich dann eine tiefschwarze, sehr glatte Oberfläche.

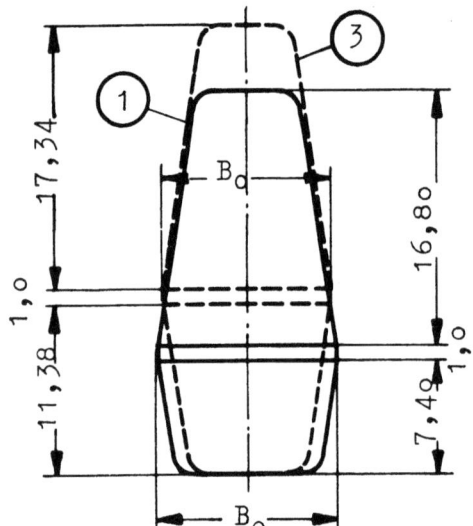 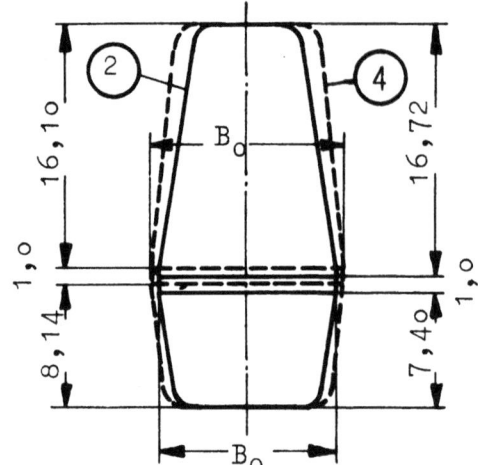

		Vorform 3	Fertigform 1	Vorform 4	Fertigform 2
Gesenkschräge	O G:	8°59'	8°59'	5°58'	9°1'
	U G:	9°29'	9°12'	4°50'	9°28'
Maß B_o	O G:	11,86 mm	12,45 mm	13,40 mm	12,43 mm
	U G:	11,68 mm	12,17 mm	13,17 mm	12,25 mm

Abbildung 35

Abmessungen der Versuchsgesenk-Formen (Maßstab 2:1)

Die Abmessungen der neuen Formen wurden sehr sorgfältig mit Kupfer-Silber-Amalgam-Abdrücken (s. Abschnitt 31) auf dem Abbé'schen Längenmesser von Zeiß ermittelt. Die Gesenkmaßveränderung wurde mit Bleiabdrücken bestimmt. Durch das Schmieden aller Stücke in einem Gesenk wurde der Werkstoffeinfluß ausgeschaltet (Gesenkwerkstoff: 55 NiCrMoV 6).

Das Gesenk wurde auf eine Festigkeit von 120 - 125 kg/mm^2 vergütet. Das Schmiedegut - Betonstahl I - wurde in Stangen von 26 mm ⌀ im Gasofen auf etwa 1150°C erwärmt. Nach Abbürsten des Zunders erfolgte unter einem 100 kg-Luftgesenkhammer zunächst das Anrollen einer Kugel von 25 mm ⌀, danach ein Flachschlagen auf 15 mm Dicke und anschließend das Vorschmieden mit zwei Schlägen sowie das Fertigschmieden mit einem Schlag.

Forschungsberichte des Wirtschafts- und Verkehrsministeriums Nordrhein-Westfalen

Ergebnisse

331 Gesenkmaßveränderung = Verformung und Verschleiß

Das Ergebnis der Messungen an den Bleiabdrücken ist in Abbildung 36 dargestellt. Die Kurven für das Breitenmaß B an den Stellen a und b lassen eine Herabsetzung der Gesenkmaßveränderung um 40 bzw. 70 % erkennen.

Die Kantenabrundung - angegeben durch das Maß r in Abbildung 37 - ist bei der Fertigform 1 bis zu 1.000 geschmiedeten Teilen praktisch gleich Null, während bei Fertigform 2 nach ∼ 1.000 Teilen der Radius r einen Wert von 1,25 bis 1,75 mm angenommen hat. Das ist ohne Frage eine <u>echte Schonung</u> des Gesenkes und verdient, besonders hervorgehoben zu werden.

Die in verschiedenen Abnutzungszuständen entnommenen Bleiproben lassen die Verschleißeinwirkung gut erkennen (Abb. 37). Während die in Fertigform 1 geschlagenen Abdrücke kaum Verschleißspuren aufweisen, zeigt sich bei den Abdrücken aus Fertigform 2, beginnend mit 400 Stück, ein stark zunehmender Riefenverschleiß, zu dem noch ein ausgeprägter Flächenverschleiß[21] (erkennbar an dem silbrigen Schimmer) hinzukommt.

Die stumpfgraue Färbung der Abdrücke aus Fertigform 1 deutet darauf hin, daß kein Gleiten des Werkstoffes entlang der Gesenkwandung stattgefunden hat; genau das sollte mit der entsprechenden Vorform erreicht werden[22].

Die geringe Gesenkmaßveränderung in Fertigform 1 ist weniger auf Verschleiß, vielmehr zum größten Teil auf Verformung zurückzuführen. Dabei ist zu berücksichtigen, daß das Versuchsgesenk nur eine Festigkeit von ∼125 kg/mm^2 aufwies. Bei Verwendung höherer Festigkeiten ließe sich auch die Verformung noch weitgehend herabsetzen. Vorteilhaft erscheint die Verwendung warmfester Gesenkwerkstoffe mit hoher Anlaßbeständigkeit, damit auch beim "Kleben" eines Teils die Gesenkhärte nicht gleich abgebaut wird. In der Praxis konnten auf diese Weise schon gute Ergebnisse erzielt werden. Allerdings sind dann für <u>eine</u> Fertigform in der Regel

---

21. Erklärung in Abschnitt 323
22. Die angegebenen Tiefen der Verschleißriefen bedürfen noch einer Berichtigung. Bei der Ausmessung mit dem Oberflächenmeßgerät nach Prof. SCHMALTZ zeigte sich, daß das Blei die Riefen nicht bis zum Grund ausfüllt. Es bildet vielmehr z.B. Drehriefen um 10-25 % zu flach ab, wobei bei den starken Verschleißriefen der untere Wert richtig erscheint. Demnach betragen die tiefsten hier gemessenen Verschleißriefen ∼720 μ.

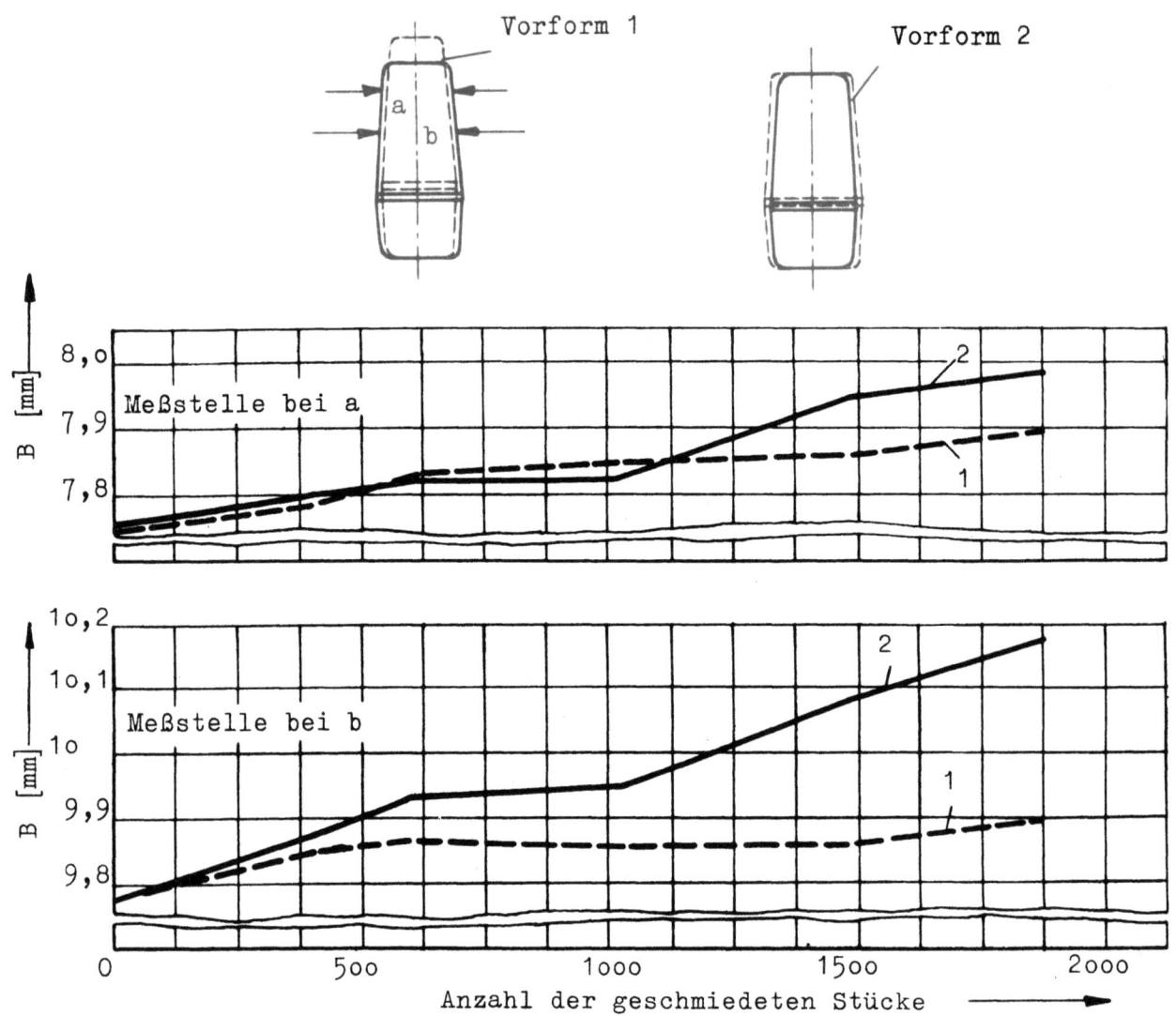

Abbildung 36

Maßänderung an einem Schmiedegesenk in Abhängigkeit von der Gestaltung der Vor- und Fertigform

zwei oder drei Vorformen erforderlich, denn diese sind dem Angriff durch Verformung und Verschleiß natürlich sehr stark ausgesetzt.

Damit kann als Ergebnis dieser Versuche die Forderung nach möglichst geringer Umformung in der Fertigform (14) wie folgt neu gefaßt werden:

"Gestalte die Vorform so, daß der Werkstoff in der Fertigform nicht oder nur geringfügig an der Gesenkwand gleitet. Verwende einen anlaßbeständigen Gesenkwerkstoff mit hoher Einbauhärte, damit die Gesenkmaßveränderung durch Verformung klein bleibt".

Forschungsberichte des Wirtschafts- und Verkehrsministeriums Nordrhein-Westfalen

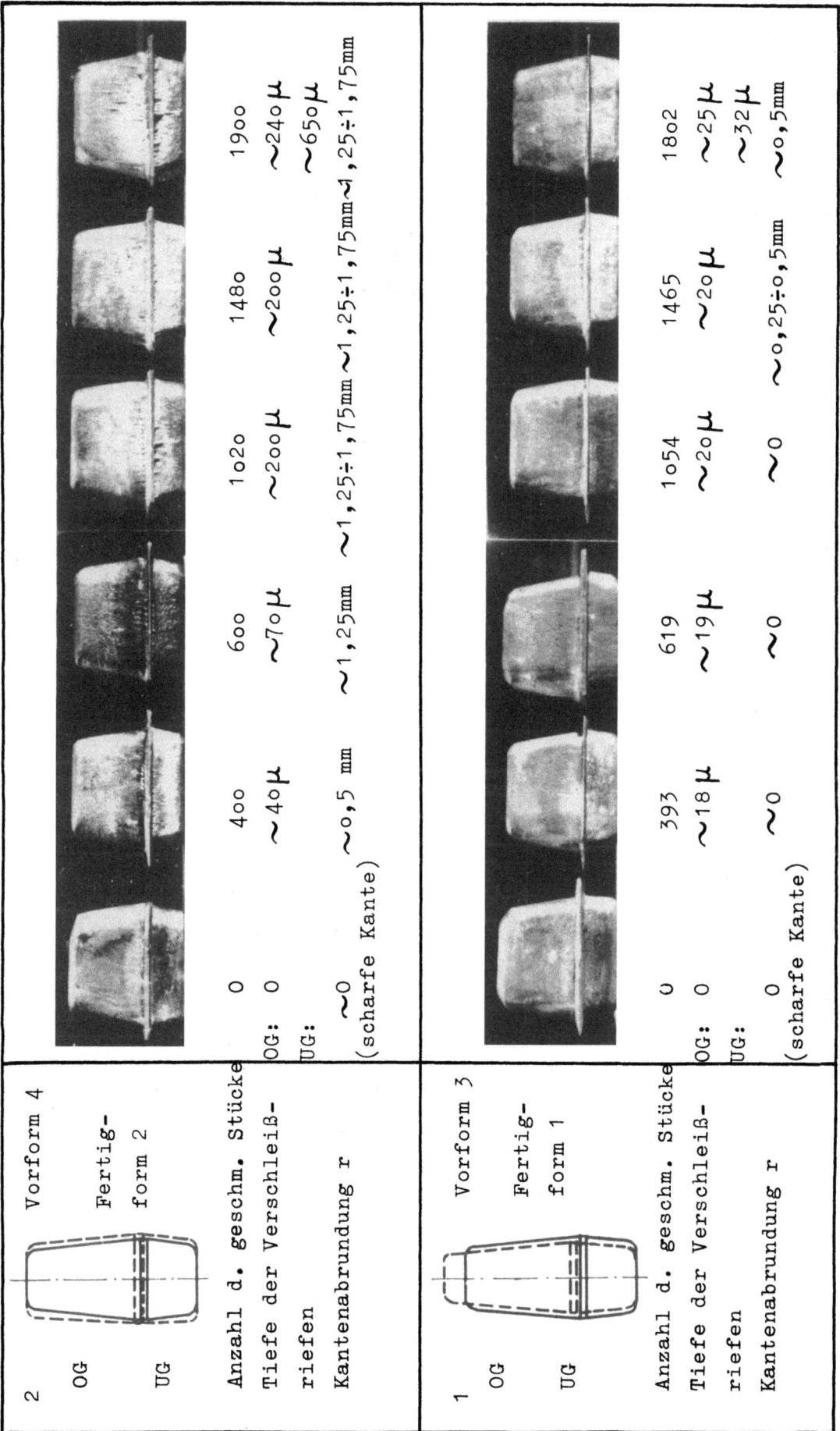

Abbildung 37

Verschleiß in der Form in Abhängigkeit von der Gestaltung Vorform - Fertigform
(Dargestellt in Bleiabdrücken der Fertigform, Maße ca. 20 % verkleinert)

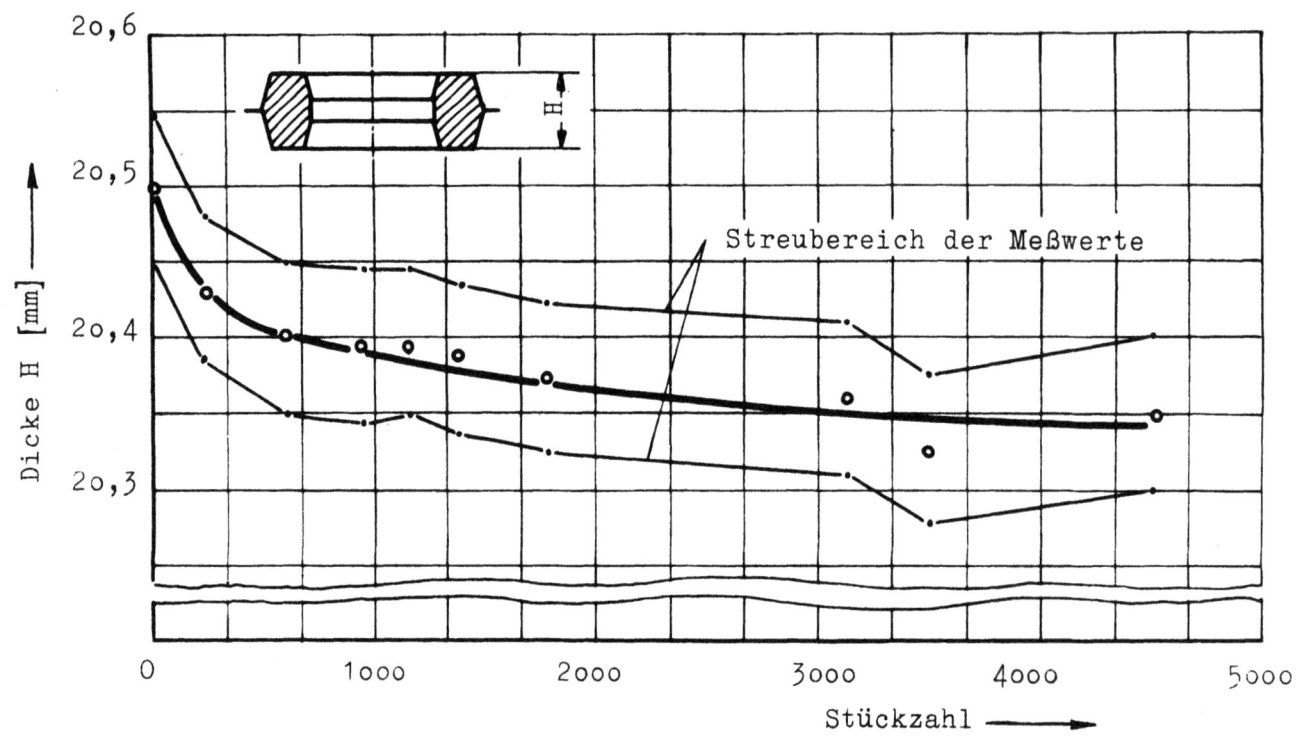

Abbildung 38

Einfluß bildsamer Verformung der Gesenkaufschlagflächen auf die Dicke von Gesenkschmiedestücken

(Einsatzgewicht: 0,33 kg; Bär- und Obergesenkgewicht: 360 kg; Schlagzahl: 5-6; Fallhöhe 1-2 m; Gesenkwerkstoff : 55 NiCrMoV6)

4 Einfluß des Zusammenwirkens beider Gesenkhälften

Die Maße mit Bezug auf beide Gesenkhälften unterliegen im Vergleich zu denen mit Bezug auf eine Gesenkhälfte zusätzlich folgenden Einflüssen:

1. Dicke, Höhe (in Umformrichtung) : Arbeitsvermögen des Hammers, Bildsame Verformung der Gesenke (Zusammenschlagen).

2. Versatz : Einbau der Gesenke, Führungsspiel und -art des Hammers.

41 Dicke bzw. Höhe

Beim Hammerschmieden wird bei Gesenken ohne Aufschlagflächen (s.Abb.2) die Dicke verschieden, wenn bald mit einem leichten, bald mit einem schweren Bären geschmiedet wird. Es findet ja nur solange eine Umformung statt, wie die benötigte Umformenergie aus dem fallenden Bären zur Verfügung steht. Bei einem zu leichten Hammer und bereits weitgehend abgekühlten Schmiedestück - hier kommt es in erster Linie auf den schnell erkaltenden Grat an - kann dann die gewünschte Stauchung nicht erzielt werden: Das Stück ist zu dick. Ist der Bär zu schwer oder das Stück sehr warm, kann die Sollgratdicke ebenso unterschritten werden: Das Stück wird zu dünn. Verwendet man jedoch Gesenke mit Aufschlagflächen (vgl. Abb. 2), so wird die Gratdicke zwar nach unten hin begrenzt, doch kann es vorkommen, daß bei zuviel überschüssigem Werkstoff der Grat nicht dünn genug ausgeschlagen wird. Hier kommt es daher auf eine genaue Kontrolle des Einsatzgewichtes und die richtige Abstimmung von Schmiedestückgewicht und Hammergröße an. Bei Schlägen auf den Grat werden wir auch bei Gesenken mit Aufschlagflächen geringe Maßunterschreitungen infolge federnder Zusammendrückung der Gesenke feststellen. Bei einem Los von Gesenkschmiedestücken führen die genannten Schlageinflüsse teils zu positiven, teils zu negativen Abweichungen vom Sollwert, so daß sich im allgemeinen eine zufällige Verteilung um diesen herum ergibt.

Von größerem Einfluß auf die Dicke der Gesenkschmiedestücke ist die bildsame Verformung der Aufschlagflächen. Beim Schlag führen die Stoßkräfte häufig zum Überschreiten der Fließgrenze des Gesenkwerkstoffes. Wir haben dann beim Schlag einen federnden und einen bildsamen Teil der Gesenkverformung entsprechend der Darstellung für das Maßprägen (Abb. 17). Nach Entlastung bleibt der bildsame Anteil erhalten. Bei der Vielzahl der Schläge auf die Aufschlagflächen - dies kann mit dem bekannten Kalthämmern verglichen werden - verdichtet und verfestigt sich die Oberflächenschicht des Gesenkes. Wir werden daher unmittelbar nach dem Einbau eines neuen Gesenkes eine größere bildsame Verformung an der Oberfläche haben als nach einer bestimmten Arbeitszeit. Diese Überlegung wurde beim Schmieden von ~4.500 Spinnringen bestätigt (Abbildung 38). Hierbei wurde mittels Bleiabdrücken eine Gesamtdickenabnahme von ~0,15 mm gemessen. In der Praxis sollten die Aufschlagflächen zwecks Vermeidung bildsamer Verformung so groß wie möglich gehalten werden, besonders wenn es sich um Gesenke mit geringeren Arbeitsfestigkeiten handelt.

Eine Zunahme der Dicke durch Verschleiß und Verformung ist im allgemeinen nicht zu erwarten, da entlang den in der Druckzone (s. Abschnitt 32) liegenden Flächen kein Gleiten des umgeformten Werkstoffes stattfindet. Diese Erwartung wurde durch Beobachtungen an Stücken mit ebenen und zylindrischen Begrenzungsflächen parallel zur Schlagebene bestätigt. Wenn

Forschungsberichte des Wirtschafts- und Verkehrsministeriums Nordrhein-Westfalen

aber bei runden Teilen starke Durchmesserunterschiede vorhanden sind, kann im Gesenk ein Längsgleiten und damit Verschleiß stattfinden. Zum Beweis ist in Abbildung 39 die Durchmesserzunahme eines axial in das Gesenk gelegten Ritzelrohlings für einen Bund über der Stückzahl aufgetragen. Die Vergrößerung des Durchmessers (der Dicke) beträgt danach ca. 1,1 mm beim Schmieden von 850 Stück. Bei dieser Untersuchung wurden im

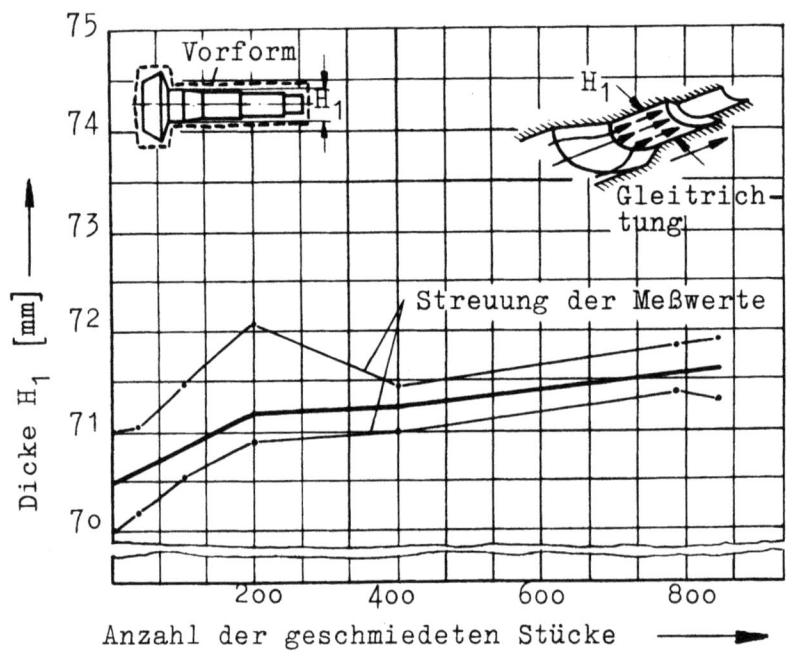

A b b i l d u n g 39
Änderung der Dicke durch Gesenkverschleiß infolge "Längsgleiten"
(Stückgewicht   10,7 kg; Standmenge   900 Stück)

Verlauf der Lebensdauer des Gesenkes in gewissen Zeitabständen einzelne Teil-Lose entnommen und deren Mittelwerte aufgetragen. Aus den in Abbildung 40 und 41 gezeigten Verteilungskurven, die gleichfalls beim Ausmessen von Teil-Losen erhalten wurden, ergab sich, daß die Streubreiten innerhalb der Toleranzen nach DIN 7524 (normal) liegen, wobei die zur Verfügung stehende Spanne bei weitem nicht ausgenutzt wird. Auch beim Schmieden anderer Teile wurde festgestellt, daß die Dickentoleranzen bei weitem nicht ausgenutzt werden. Die Lage des dritten Teil-Loses in Abbildung 41 bestätigt dabei, daß eine bestimmte Tendenz bezüglich einer Dickenmaßänderung mit der Anzahl der geschmiedeten Teile nicht besteht. Die Streuung der Mittelwerte der Teilkollektive ist vielmehr vermutlich auf Schwankungen der Ofentemperaturen zurückzuführen.

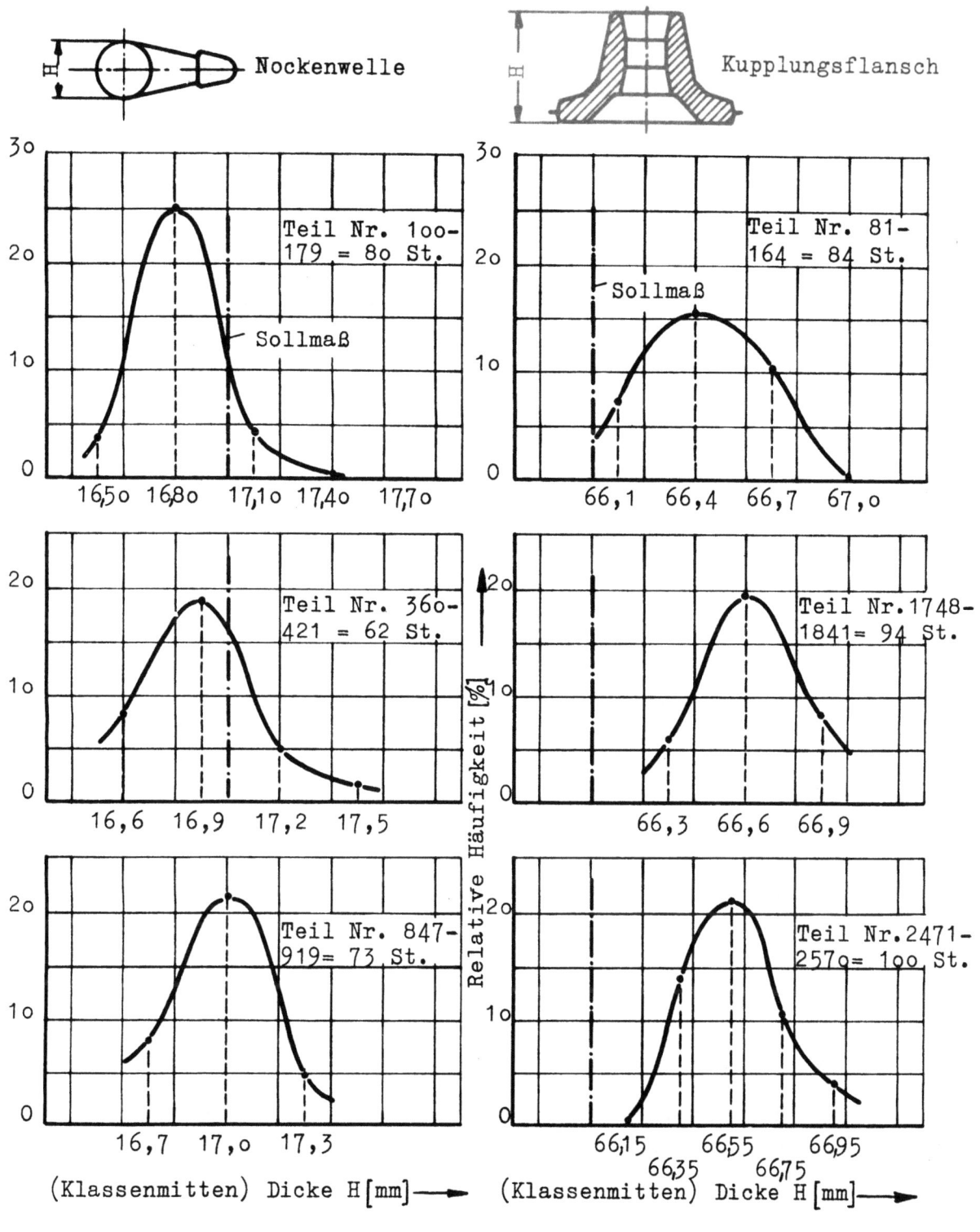

Abbildung 40

Dickenstreuung bei Gesenkschmiedestücken

Einsatzgewicht: 0,48 kg; Bärgewicht: 400 kg; Schlagzahl: 4;
Werkstoff: C 35

Streubreite: 1,1 mm
Toleranz: 1,6 mm

Abbildung 41

Dickenstreuung bei Gesenkschmiedestücken

Einsatzgewicht: 2,2 kg; Bärgewicht: 2500 kg; Schlagzahl: 2;
Werkstoff: C 35

Streubreite: 1,1 mm;
Toleranz: 2,5 mm

Forschungsberichte des Wirtschafts- und Verkehrsministeriums Nordrhein-Westfalen

Soweit die Methodik der Toleranzbeobachtung. Nun seien hier noch die Maßschwankungen selbst im Vergleich zu den Dickentoleranzen nach DIN 7524, Blatt 1, betrachtet. Die Dicken-Toleranzen für Normalschmiedestücke sind bei allen untersuchten Teilen eingehalten, zum größten Teil weitgehend unterschritten, wenn auch die Lage der Gesamtstreuung zum Toleranzfeld zum Teil noch verbessert werden könnte. <u>Wir können also bezüglich der Dicke genauer schmieden, als es die Toleranzen verlangen.</u> Diese müssen daher an den heutigen Stand des Gesenkschmiedens angepaßt werden, wenn sie nicht ihre Berechtigung verlieren sollen. Hierauf werden wir später (s. Abschnitt 6) noch einmal zurückkommen.

42 Versatz

Hinsichtlich der Begriffsbestimmung wird auf Abschnitt 12 verwiesen. Im Gegensatz hierzu wird in der Praxis häufig als Versatz das Überstehen einer Schmiedestückhälfte gegenüber der anderen an der Begrenzungslinie bezeichnet. Dieses Überstehen kann jedoch auch andere Ursachen haben. Solch "scheinbarer" Versatz hat mit "echtem" Versatz nichts zu tun; es handelt sich vielmehr dabei um Gratansatz, wie wir am Ende dieses Abschnittes noch sehen werden. Der Versatz in Schwalbenrichtung wird als Längenversatz V_L, derjenige senkrecht dazu als Breitenversatz V_B bezeichnet.

421 Einflüsse auf den Versatz

Der Versatz wird durch eine Reihe von Einflüssen hervorgerufen:

a) Lagegenauigkeit der Gravuren zu den Bezugskanten der Gesenke. Die Gravuren können entsprechend Abschnitt 31 mit einer Lagegenauigkeit von 0,04 - 0,2 mm in die Gesenke eingearbeitet werden, wie die Praxis gezeigt hat (14).

b) Genauigkeit des Einbaus der Gesenke im Hammer. Hierzu Abschnitt 23. Bei gut bearbeiteten Bezugskanten bzw. -flächen kann eine Genauigkeit gleich der Gesenkgenauigkeit erreicht werden.

c) Führungsspiel zwischen Bär und Bärführung, innerhalb dessen der Bär insbesondere zufolge freier Querkräfte (senkrecht zur Schlagrichtung) verschiedene Lagen einnehmen kann. (Dieser Punkt hat den größten Einfluß auf den Versatz).

Besonders unangenehm ist, daß die Querkräfte beim Schlag so groß werden, daß sie die Gesenke und zwar vornehmlich das Untergesenk in Schwalbenrichtung zum "Wandern" bringen und damit zusätzlichen Längenversatz hervorrufen. Nur mit Hilfe geeigneter Haltevorrichtungen (Steine, Dübel) kann das Wandern verhindert werden.

422 Versatz und Führungsspiel

Der Versatz kann sich im Rahmen des Führungsspiels beliebig einstellen. Dabei unterscheiden wir einerseits Parallelversatz, nämlich Breiten- und Längenversatz und andererseits Drehversatz (Abbildung 21).

Unter der Voraussetzung, daß keine einseitigen Querkräfte wirken, wird sich der Versatz innerhalb des Führungsspiels (s. Abschnitt 421c) immer rein zufällig einstellen. Diese Annahme wurde durch eigene Messungen bestätigt. Entsprechend Abbildung 42 sind dabei verschiedene Fälle denkbar[23]. Fall 1 zeigt den günstigsten Fall. Die Gesenke sind so eingebaut, daß bei Aufeinanderpassen das Spiel auf jeder Seite des Bären gleich ist. Ein Versatz des Bären mit dem Obergesenk ist nach beiden Seiten möglich. In der Verteilungskurve 11 ergibt sich für diesen Fall eine symmetrische zufällige Verteilung. Dabei ist der Versatz nach rechts mit +, nach links mit - bezeichnet. Ob eine Hälfte des Schmiedestückes gegen die andere nach links oder rechts, vorn oder hinten versetzt ist, ist jedoch praktisch gleichgültig. Wesentlich ist nur die absolute Größe des Versatzes. Für diese ist aus der Kurve 11 die Kurve 12 entwickelt; sie zeigt eine asymmetrische Verteilung. Bei Fall 2 und 3 weicht die Mittellinie von Ober- und Untergesenk beim Einbau von der Mittellinie der Führungen ab; der Bär hat nach beiden Seiten ungleiche Bewegungsmöglichkeiten; er liegt im Grenzfall 3 auf einer Seite an der Führung an. Diese Abweichungen zwischen den beiden Mittellinien sind durch den Einbau der Gesenke, Abweichungen in den Schwalbenmaßen, Verwendung unterschiedlicher Beilagen usw. bedingt. Sie lassen sich nicht vermeiden und können höchstens bis auf die Größe von $\frac{S}{2}$ anwachsen. In der Praxis werden sich meist Verhältnisse nach Fall 2 und 3 einstellen; die Verteilung des absoluten Versatzes zeigen wieder die Kurven 22 und 32. Danach ist bei gleicher Streubreite (in diesem Falle gleich Gesamtspiel S) der absolute Versatz umso größer, je weiter sich beim Einbau der Gesenke deren Mittellinie von der Führungsmitte entfernt (Fall 1, 2, 3). Die Verteilungskurven für den absoluten Versatz (12, 22, 32) zeigen eine schiefe Verteilung, wenn dieser klein ist. Eine symmetrische Verteilung um $\frac{S}{2}$ tritt auf, wenn der Bär beim Gesenkeinbau stets an einer Führungsbahn anliegt.

---

23. Die Abszissenteilung gibt die Klassenmitten an.

Forschungsberichte des Wirtschafts- und Verkehrsministeriums Nordrhein-Westfalen

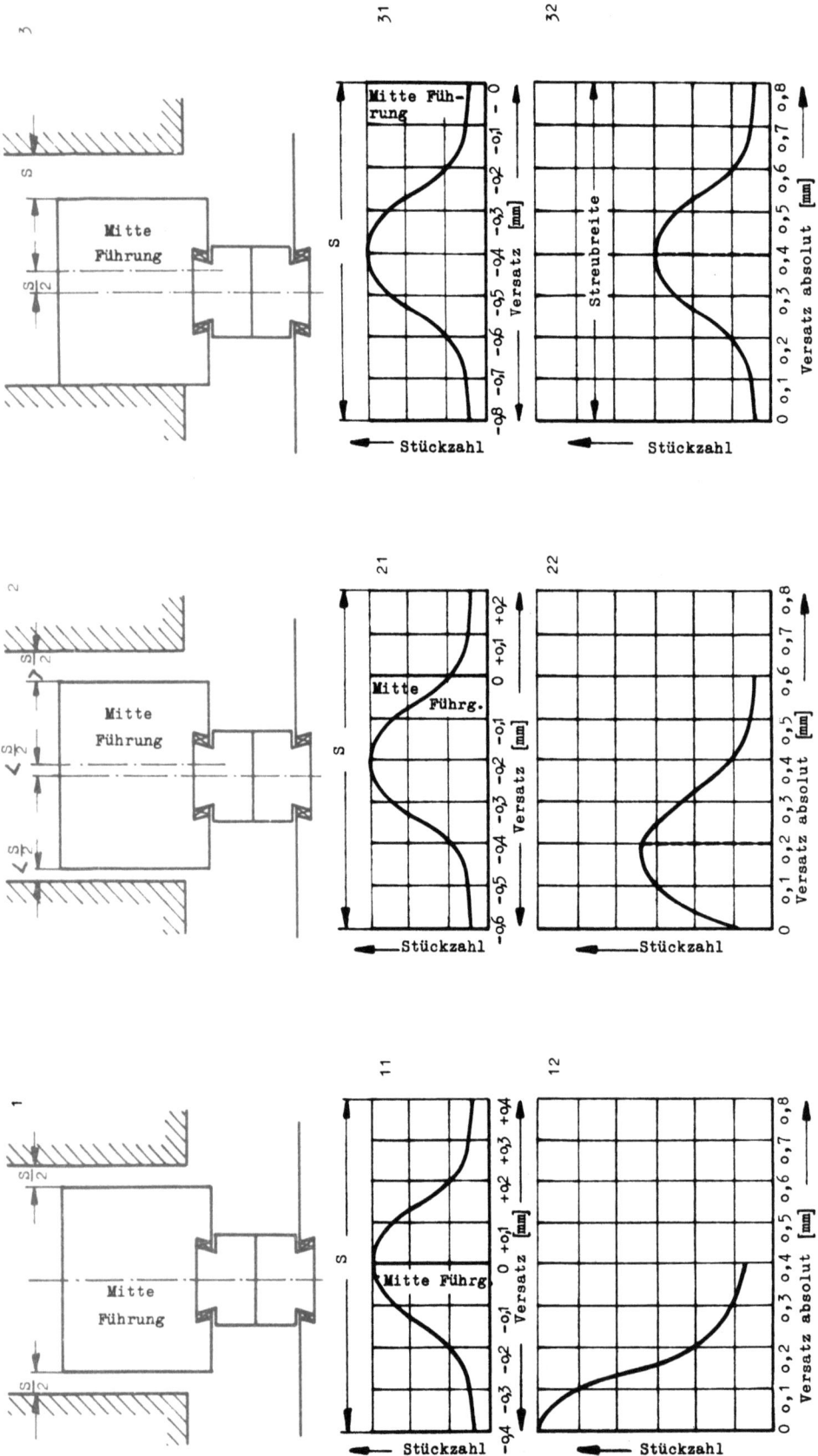

Abbildung 42
Theoretischer Zusammenhang zwischen Führungsspiel und Versatz

Forschungsberichte des Wirtschafts- und Verkehrsministeriums Nordrhein-Westfalen

423 Versuche

Zur Nachprüfung dieser Überlegungen wurden Untersuchungen in der Praxis vorgenommen. An Reihen von Schmiedestücken wurden sowohl der Breiten- und Längenversatz als auch das Führungsspiel des betreffenden Hammers gemessen. So wurden z.B. beim Abschmieden eines Auftrages von 2.600 Kupplungsflanschen die Stücke Nr. 81 bis 164, 1748 bis 1840 und 2471 bis 2570 reihenweise ausgemessen. Insgesamt wurden Messungen an 9 verschiedenen Schmiedestücken unter Hämmern mit verschiedenen Führungsarten vorgenommen.

423.1 Durchführung und Meßverfahren

Zum Messen des Versatzes hat der Verfasser ein besonderes Meßgerät entwickelt, das in Abbildung 43a abgebildet ist. Es besteht im wesentlichen aus der Grundplatte (a), dem Meßsockel mit den beiden verstellbaren Meßuhrhaltern (b) und der Meßplatte (c), die parallel zur Grundplatte ausgerichtet werden kann. Sie nimmt das zu messende Gesenkschmiedestück auf. Der Meßvorgang ist folgender: Nachdem mit Hilfe eines Parallelreißers die Parallelität der Gratebene des Schmiedestückes zur Grundplatte überprüft ist, werden die senkrecht übereinanderstehenden Taststifte so gegen das Stück geführt, daß ein Punkt oberhalb und ein Punkt unterhalb der Gratmitte

Abbildung 43a
Gesenkversatzmeßgerät
a = Grundplatte   b = Meßsockel   c = Meßplatte

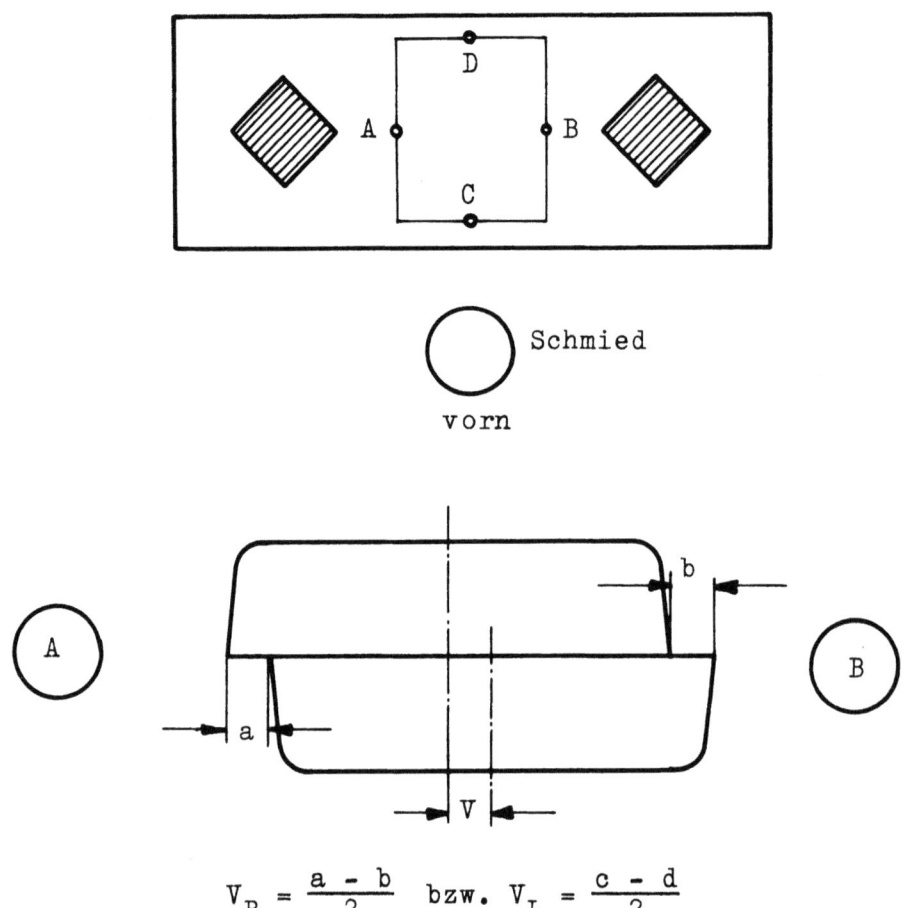

$$V_B = \frac{a-b}{2} \quad \text{bzw.} \quad V_L = \frac{c-d}{2}$$

+ = Obergesenk Richtung A bzw. C versetzt
− = Obergesenk Richtung B bzw. D versetzt

Abbildung 43b
Anordnung der Versatzmessungen an Gesenkschmiedestücken

in gleichem Abstand davon verglichen werden. Aus dem Unterschied der Ausschläge beider Meßuhren, die vorher mit Hilfe eines rechten Winkels auf Null gestellt werden, wird der Versatz ermittelt.

Auf diese Weise wurde der "scheinbare" Versatz an 4 Punkten (A B C D) jedes Schmiedestückes gemessen und daraus der Versatz V errechnet (hierzu Abb. 43b). Der mittlere Fehler der Einzelmessung m ist ± 0,01 mm.

Zur Bestimmung des Führungsspiels wurden die Spaltbreiten b am Hammer mittels Fühlerlehren mit gemessen. Die Messung erfolgte an jedem Spalt auf beiden Bärseiten oben und unten.

423.2 Ergebnisse

In Tabelle 8 sind die Meßergebnisse unter dem Gesichtspunkt: Abhängigkeit des Versatzes vom Führungsspiel zusammengestellt. Sie lassen erkennen, daß

<u>die Streubreite der Verteilungskurven nicht größer als das mittlere Spiel S_m in der betreffenden Richtung wird und somit der Versatz $\leqq$ dem Führungsspiel ist.</u>

Einige offensichtliche Ausreißer in Versuchsreihe 7 und 9 (in Tabelle 8 unterstrichen) beeinträchtigen dieses Ergebnis nicht; sie sind zweifellos auf die sehr schwierige Spielmessung an den Hämmern zurückzuführen.

Im Vergleich zu den Versatztoleranzen der deutschen Normen (DIN 7524 Blatt 3) traten bei den Versuchsreihen 1, 2, 5 und 9 beim <u>Breitenversatz</u> meist kleinere Überschreitungen auf; in den anderen Fällen wurden die Toleranzen eingehalten. Der auftretende <u>Längenversatz</u> hingegen ist außer bei Versuchsreihe 7 wesentlich kleiner als der zulässige.

Auffällig ist trotz des großen Breitenspiels S_{Bm} bei Versuchsreihe 1 und 2 der relativ kleine Versatz und die kleine Streubreite der Verteilungskurven. Vermutlich wirkt hier das Schmiedestück bei geeigneter Form selbst als Führungselement. Die Ergebnisse aus Versuchsreihe 1, 2, 4, 6, 7, 8 und 9, welche auf Einflüsse in dieser Richtung schließen ließen, wurden daraufhin kritisch untersucht und in Abbildung 44 neu zusammengestellt. Danach kann das Schmiedestück in der Tat als Führungselement wirken. Wichtig ist dabei die sich aus einem Vergleich von Versuchsreihe 6 und 7 ergebende Erkenntnis, daß die führende Wirkung des Schmiedestückes wesentlich von der Größe und Richtung der versatzhindernden Flächen in beiden Gesenkhälften abhängt. Beide Teile liegen größtenteils im Obergesenk, die Flächen in Schlagrichtung sind bei Fall 4 (Abbildung 44) jedoch zu klein bzw. zu schräg, um eine Führung zu ermöglichen. Es kommt nun wesentlich darauf an, daß bei "selbstführenden" Schmiedestücken der erste Schlag das Schmiedestück möglichst genau mittig trifft. Ist es außermittig getroffen, so können die folgenden Schläge das nicht wieder ausgleichen; der

Tabelle 8

Führungsspiel und Versatz in 9 Versuchsreihen

Ver-suchs-reihe Nr.	Schmiede-stück	Art des Hammers	Art der Führung	Länge				Breite			
				Mittleres Spiel S_{Lm}(mm)	Streu-breite der Kur-ven (mm)	Größter Versatz V_L(mm)	Zulässig. Versatz (mm)	Mittleres Spiel S_{Bm}(mm)	Streu-breite der Kur-ven (mm)	Größter Versatz V_B(mm)	Zulässig. Versatz (mm)
1	Nabe 0,86 kg	Oberdruck-gesenk-hammer G_B=1000 kg		oben:0,85 unt.:1,33	0,72* 0,58 0,83	0,66 0,62 0,72	normal 1,1 genau 0,5	oben:2,34 unt.:3,66	1,30 0,72 1,04	0,76 0,43 0,57	normal 0,6 genau 0,5
2	Nabe 0,87 kg	Oberdruck-gesenk-hammer G_B=1000 kg		oben:0,85 unt.:0,85 oben:0,96 unt.:0,96	0,58 0,65 0,51	0,38 0,32 0,33	normal 1,1 genau 0,5	oben:2,34 unt.:2,34 oben:2,63 unt.:2,63	0,60 0,79 0,79	0,75 0,44 0,48	normal 0,6 genau 0,5
3	Pleuel-stange 0,9 kg	Riemen-fall-hammer G_B= 600 kg		-	0,53 0,33 0,39	0,53 0,35 0,34	normal 1,1 genau 0,5		0,74 0,58 0,40	0,84 0,41 0,24	normal 0,5 genau 0,4
4	Antriebs-welle 2,85 kg	Riemen-fall-hammer G_B=1600 kg		oben:4,73 unt.:0,35	0,44	0,37	normal 1,6 genau 0,8	oben:4,73 unt.:0,35	-	-	normal 0,5 genau 0,4
5	Brems-hebel 0,38 kg	Brettfall-hammer G_B= 400 kg		-	1,29 1,30 1,34	0,85 0,85 0,83	normal 1,1 genau 0,5	-	1,25 0,83 0,92	0,73 0,43 0,56	normal 0,4 genau 0,3
6	Kopf-stück 3,15 kg	Schabot-tengesenk-hammer G_B=2000 kg		1,60 1,55 1,60 1,70 1,40	0,53 0,70 0,65 1,02 0,80 0,63	0,32 0,58 0,60 0,58 0,41 0,36	normal 1,1 genau 0,5	1,40 1,40 1,45 1,35 1,20	0,73 0,43 0,68 0,63 0,61 0,75	0,48 0,33 0,34 0,38 0,36 0,40	normal 0,6 genau 0,5
7	Kupp-lungs-flansch 1,9 kg	Oberdruck-gesenk-hammer G_B=2500 kg		0,71 0,85 0,92	0,60 1,03 0,96	0,54 0,56 0,61	normal 0,6 genau 0,5	0,71 0,85 0,92	1,03 0,67 0,79	0,56 0,49 0,52	normal 0,6 genau 0,5
8	Kreuz-stück 0,10 kg	Luft-gesenk-hammer G_B= 300 kg		0,5 0,4 0,5	0,49 0,46 0,43	0,47 0,26 0,23	normal 0,8 genau 0,4	0,70 0,95 0,80	0,47 0,35 0,44	0,35 0,19 0,25	normal 0,4 genau 0,3
9	Nocken-welle 0,26 kg	Luft-gesenk-hammer		0,75 0,70 0,70	0,71 0,64 0,48 0,65	0,41 0,39 0,43 0,43	normal 1,1 genau 0,5	0,75 0,80 0,80	0,83 0,6? 0,42 0,68	0,55 0,46 0,33 0,55	normal 0,4 genau 0,3

Versuchsreihe 1 und 2 wurden am gleichen Hammer durchgeführt.
Bei Versuchsreihe 1, 2, 3 und 4 waren die Gesenke mit Leistenführungen in Längsrichtung versehen.
Spiel 0,05 mm unsicher

Forschungsberichte des Wirtschafts- und Verkehrsministeriums Nordrhein-Westfalen

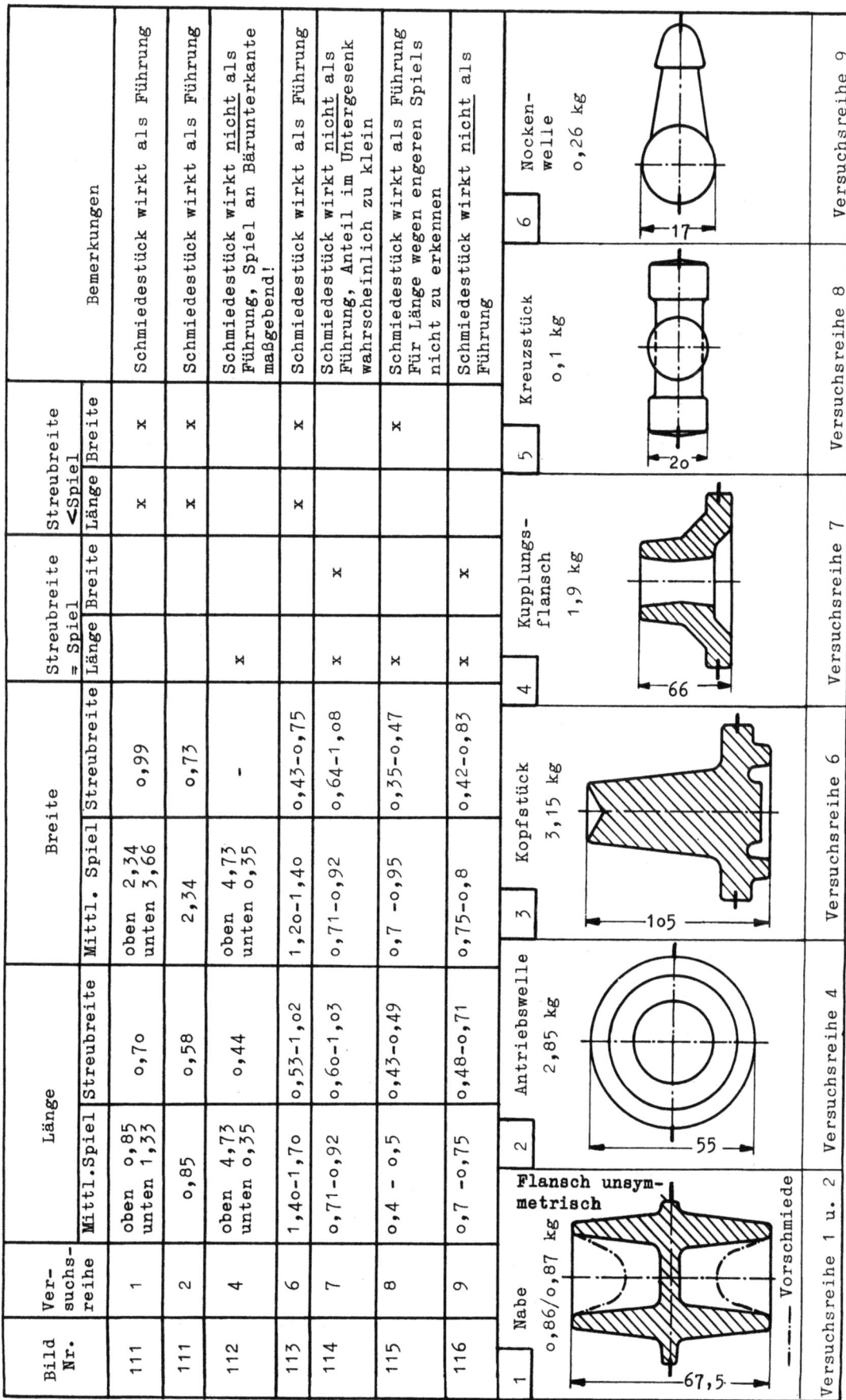

Abbildung 44
Gesenkschmiedestücke als Führung

Versatz wird groß. Die Geschicklichkeit des Schmiedes, der das "Sitzen" des ersten Schlages beeinflußt, ist daher von besonderer Bedeutung. Zu erwähnen ist schließlich noch, daß bei Selbstführung das Wandern der Gesenke praktisch entfällt.

Wir kommen nun zu den an Hand der Messungen aufgestellten Verteilungskurven für verschiedene Teil-Lose aus Versuchsreihe 1, 3 und 6 (Abb. 45 bis 47). Diese entsprechen angenähert einer Normal-Verteilungskurve, abgesehen von den Fällen, in denen besondere Einflüsse vorliegen. Für Versuchsreihe 1 und 6 (Abb. 45 und 47) ist den Verteilungskurven eine Darstellung des Versatzes in der Reihenfolge der geschlagenen Stücke vorangestellt. Diese zeigt in Abbildung 45 besonders deutlich den Verlauf des Einrichtens der Gesenke in der Breite[24]. Schon nach ca. 10 Stücken sind die Gesenke so eingerichtet, daß mit dem Schmieden des Loses begonnen werden kann. Weitere Maßnahmen des Schmiedes verbessern anschließend die Einstellung so, daß für die Stücke Nr. 69 - 93 der häufigste Wert der Verteilungskurve bereits nahe $V_B = 0$ liegt. Die entsprechenden Kurven für den Längenversatz sind symmetrisch, liegen jedoch bezüglich des absoluten Versatzes ungünstig. Bei den Stücken Nr. 3300 bis 3398 hat sich das Bild völlig verändert. Beim Längenversatz zeigt sich eine linkssteile Verteilung, die als Folge unsymmetrischer Flanschform (s. Abb. 44.1) und einer daraus entstehenden einseitigen Querkraft und Erreichen der Spielgrenze erklärt werden kann.

Diese Kurven zeigen anschaulich, daß ein Gesenk nicht "steht", sondern sich im Laufe des Schmiedens in seiner Lage zur anderen Gesenkhälfte dauernd ändert. Zeigt ein Teil-Los gleichmäßige Verteilung, so ist gerade ein gewisser Ruhezustand vorhanden; liegt schiefe Verteilung vor, findet gerade eine Lageänderung statt, wie z.B. in Abbildung 47, Stück-Nr. 401 - 437. Hier sind aus der Überlagerung zweier symmetrischer Verteilungskurven zwei Teilkollektive vor und nach dem Wandern erkennbar. Kunst des Schmiedes

---

24. Als "Einrichten" bezeichnen wir die Einstellung der Gesenke an Hand der ersten Probestücke nach dem Gesenkeinbau. "Nachrichten" ist das Ausgleichen von kleineren Abweichungen im Verlauf des Schmiedens und "Zurückrichten" das Wiedereinstellen ausgewanderter Gesenke.

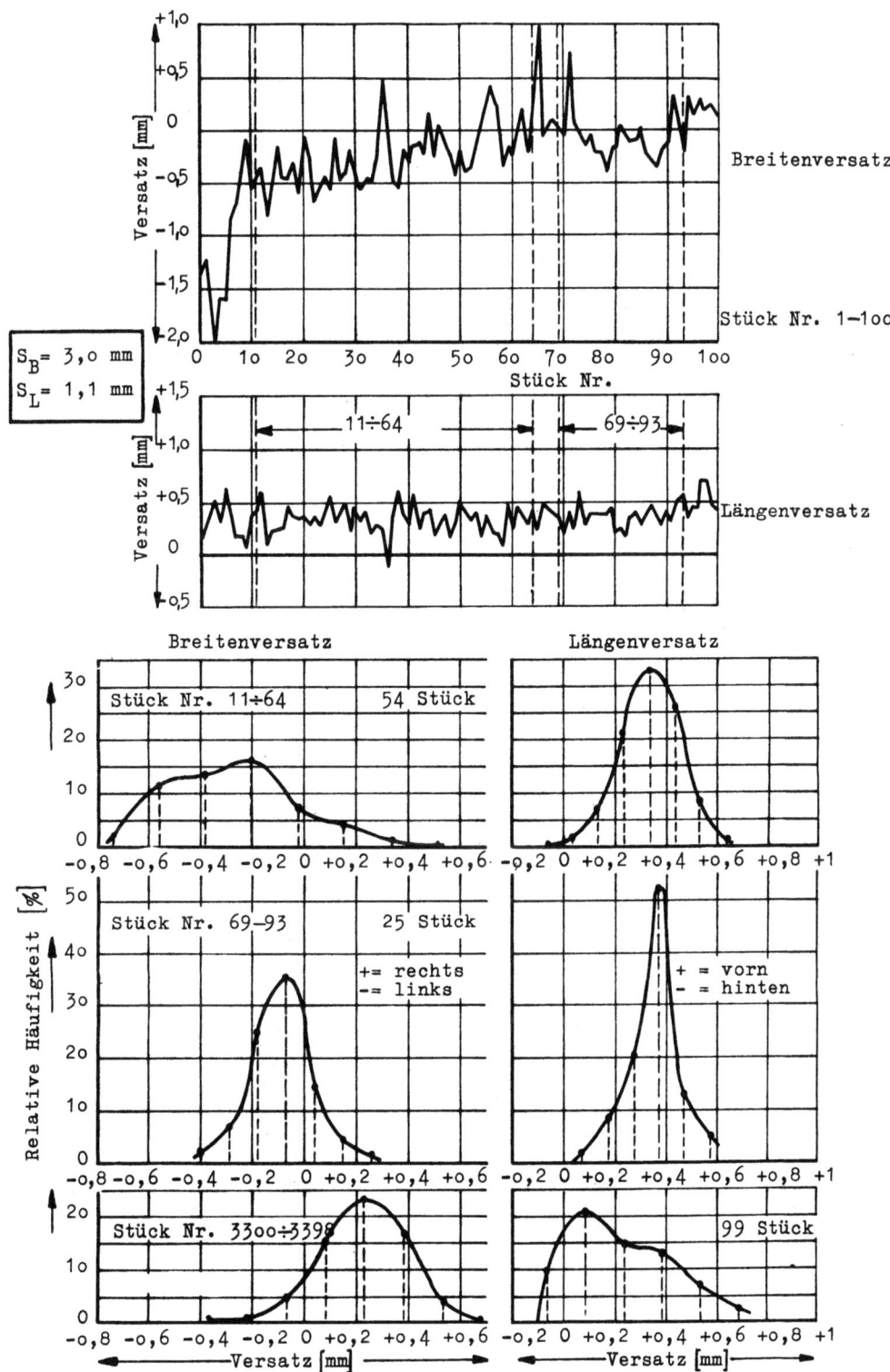

Abbildung 45

Versatz an Gesenkschmiedestücken

Versuchsergebnisse

Versuchsreihe 1 - Nabe

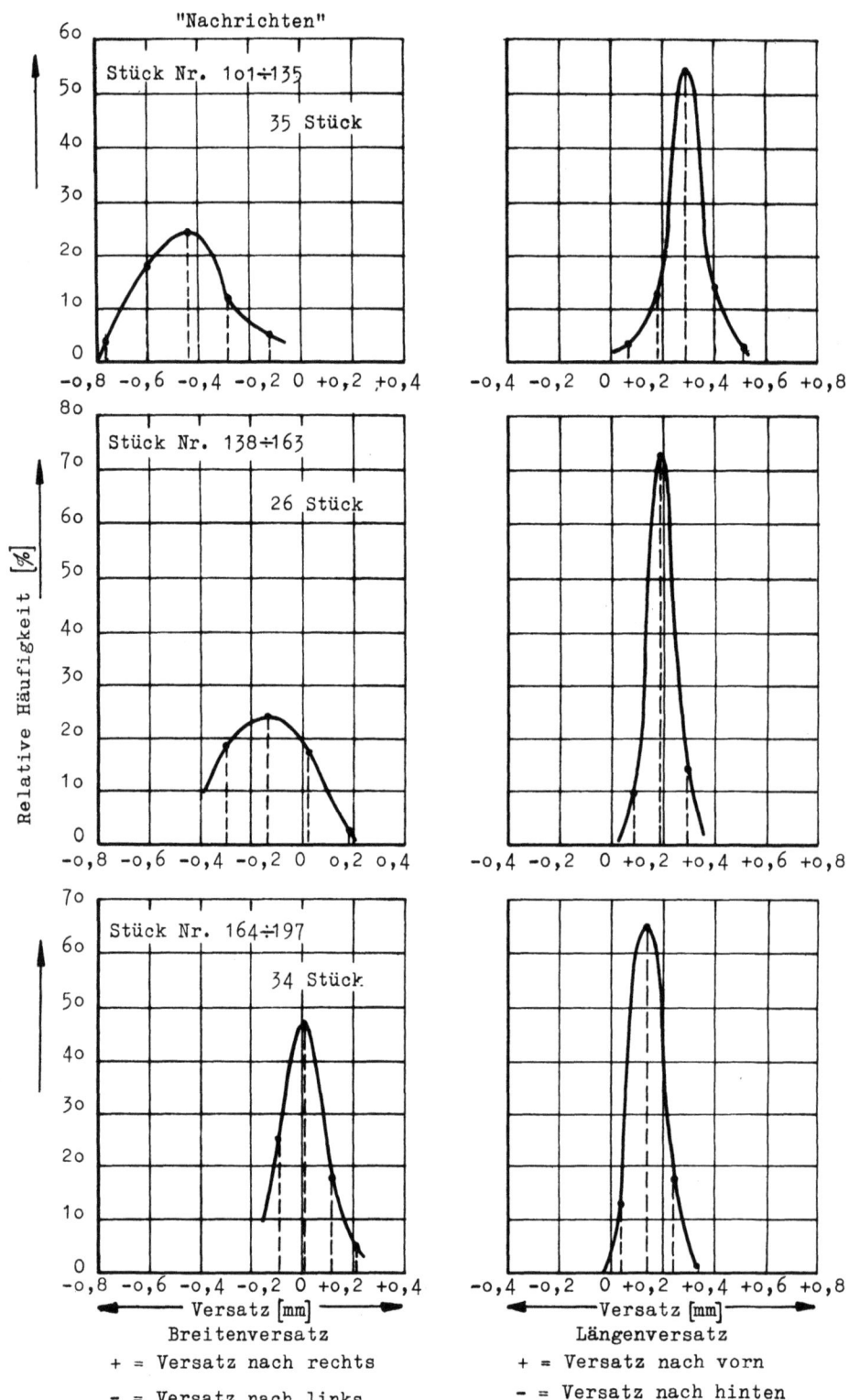

Abbildung 46

Versatz an Gesenkschmiedestücken

Versuchsergebnisse

Versuchsreihe 3 - Pleuelstange

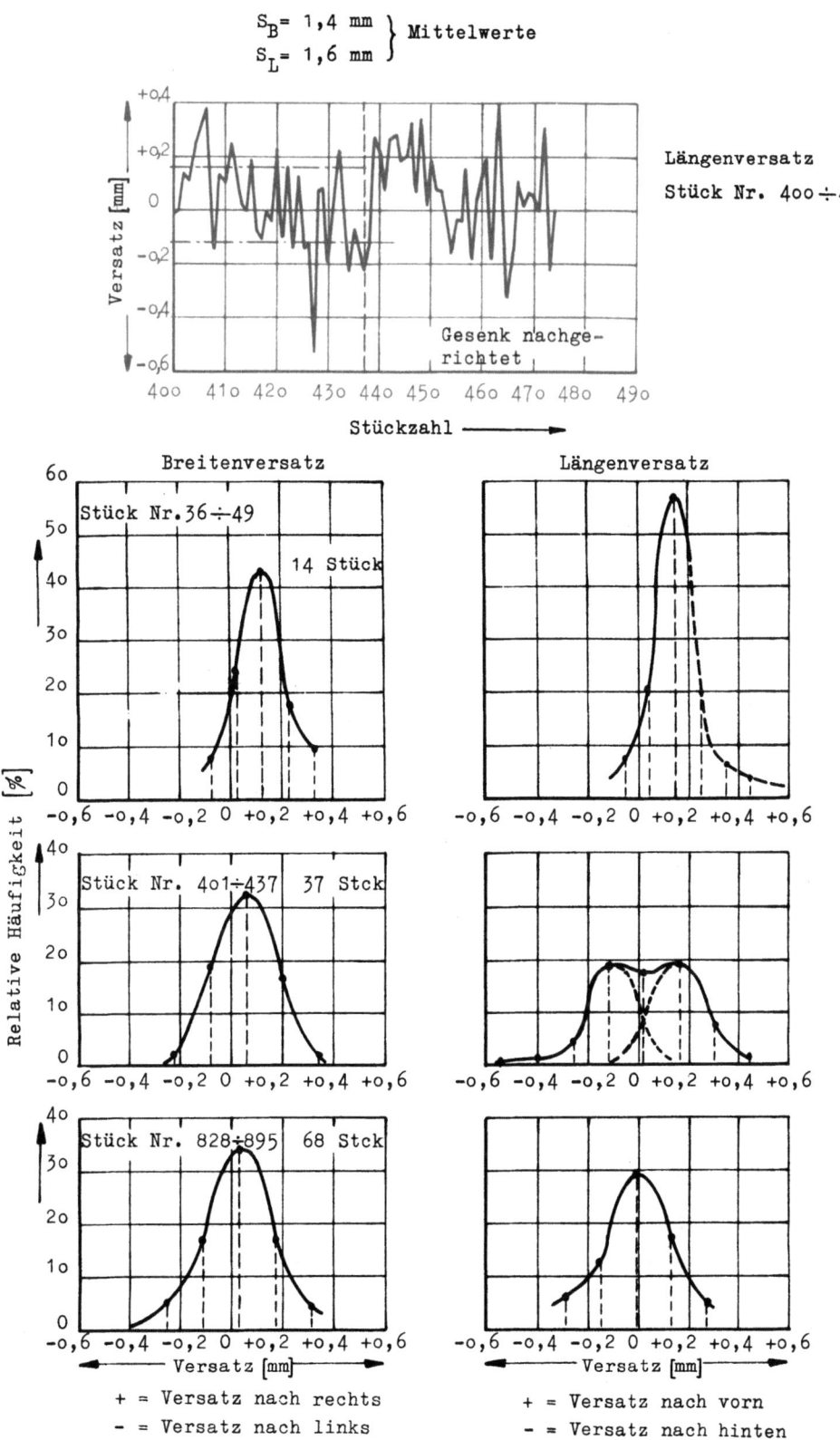

Abbildung 47

Versatz an Gesenkschmiedestücken

Versuchsergebnisse

Versuchsreihe 6 - Kopfstück

ist es, dies gewissermaßen im Gefühl zu haben und seine Maßnahmen[25]
danach zu ergreifen. Der erste Schlag ist hier entscheidend. Bei
einem guten Schmied werden die Verteilungskurven stets mit dem
häufigsten Wert nahe V = 0 liegen. Das ist besonders gut aus Abbildung 46 (Versuchsreihe 3) zu sehen. Hier wurden von einem guten
Schmied unter einem alten Riemenfallhammer nach mehrfachem Nachrichten ausgezeichnete Verteilungskurven nach Verlauf und Lage erzielt.

Die Aufzeichnung in geschlagener Reihenfolge läßt erkennen, daß
eine Beurteilung des Versatzes nach einem oder wenigen Stücken
nicht möglich ist. Es ist daher abwegig, bereits nach dem Schlagen
von zwei oder drei Stücken eine Änderung der Gesenklage vorzunehmen, wie es schon häufig in Gesenkschmieden beobachtet wurde. Hierzu ist vielmehr eine vernünftige Mittelwertbildung erforderlich.
Bereits mit Teil-Losen von 13 - 15 Stück läßt sich, wie die Untersuchung zeigte, eine Verteilungskurve aufstellen.

424 Messen des Versatzes in der Praxis

In der Praxis ist ein Messen des Versatzes nach dem hier beschriebenen
Verfahren nicht möglich, da 1. die Stücke kalt sein müssen und 2. das
beschriebene Gerät für die Werkstatt zu empfindlich ist. Teilweise ist
bereits ein optisches Gerät verwandt worden, das das Profil des Schmiedestückes - dieses kann noch warm sein - vergrößert gegen einen Bildschirm
wirft und so unter Berücksichtigung der Vergrößerung die Bestimmung des
Versatzes nach Größe und Richtung ermöglicht. Dieses Verfahren erfordert
jedoch eine kostspielige Vorrichtung und außerdem einen damit vertrauten
Bedienungsmann. In der Praxis behilft man sich daher häufig durch Beobachtung der Bezugskanten am Gesenk, was einer Umgehung der Versatzmessung
gleichkommt. Voraussetzung sind dafür einwandfreie, sauber bearbeitete
Bezugskanten an den Gesenken, nach denen die Gravuren angerissen und eingearbeitet sind. Beim Schmieden genügt ein Streifen mit dem Finger über
die Gesenkteilfuge um festzustellen, ob und in welcher Größe und Richtung
Versatz vorhanden ist. Es muß jedoch darauf hingewiesen werden, daß nach
einmaligem Befühlen noch keine genaue Aussage über den Versatz gemacht

---

25. Maßnahmen des Schmiedes sind Nachrichten und rechtzeitiges Zurückrichten

werden kann. Erst bei Wiederholung nach dem Schmieden weiterer Stücke ist eine solche Aussage möglich. Das "Fingerspitzengefühl" ist sehr fein und kann auf einer ebenen, glatten Fläche scharfe Absätze bis zu 1 μ feststellen.

25 Gesenkführungen

Zur Verringerung des Versatzes werden in vielen Fällen besondere Gesenkführungen verwendet, die als Säulen-, Leisten-, Ecken- oder Rundführungen (Topfführungen) ausgebildet sein können. Voraussetzung für eine wirksame Gesenkführung ist jedoch, daß sie bereits führt, bevor die Umformung begonnen hat; anderenfalls beginnt bereits die Selbstführung zu wirken. Gesenkführungen sind jedoch im allgemeinen nicht in der Lage, die beim Schmieden auftretenden großen Schubkräfte allein aufzunehmen. Sie haben daher nur in Verbindung mit guten, kräftigen Hammerführungen Sinn und müssen in ihrem Spiel auf das der Hammerführung abgestimmt, d.h. dies muß gleich groß oder enger sein.

Nach vorliegenden Firmenangaben werden Gesenkführungen praktisch mit folgenden Spielen ausgeführt:

$$\text{Leisten-, Ecken- und Rundführungen: } S = 1 \text{ mm}$$
$$\text{Säulenführungen} \qquad\qquad : S = 0,5 \text{ mm}$$

Eine andere Quelle gibt für Leisten- und Rundführungen ein Spiel von 0,25 bis 2 mm je nach Größe und geforderter Genauigkeit an; für Säulenführungen wird ein Spiel von 0,2 bis 0,5 mm angegeben (28). Die genannten Spiele sind teilweise größer als bei guten Hammerführungen. Bewährt haben sich bei Pressen keglige Rundführungen (1:40) an den Gesenken, die in tiefster Lage des Obergesenkes völlig spielfrei sind.

In einer großen deutschen Gesenkschmiede werden grundsätzlich alle Hammergesenke mit Rundführungen versehen. Diese sind zylindrisch ausgebildet bei engem Spiel von 0,25 mm. Alle Hämmer arbeiten mit möglichst engem Spiel, so daß ihre Führungen die auftretenden Schubkräfte aufnehmen können. Die Gesenkführung ist im wesentlichen ein Hilfsmittel für den Schmied, Versatz durch Lageveränderung der Gesenke leichter erkennen zu können; auch erleichtern Führungen den Gesenkeinbau. Man ist nicht der Ansicht, daß die Gesenkführungen das Wandern selbst verhindern. Es ist auf diese Weise möglich, auch kurzfristig angelernte Leute als Schmiede einzusetzen und gleichzeitig die Genauigkeit der Fertigung zu halten.

Forschungsberichte des Wirtschafts- und Verkehrsministeriums Nordrhein-Westfalen

426 Versatz und Gratansatz

In Abschnitt 14 wurde darauf hingewiesen, daß der Versatz beim Abspanen von Schmiedestücken Stöße auf die Werkzeugschneiden hervorruft. Genau genommen ist der Versatz nur mittelbar die Ursache; unmittelbare Ursache ist der beim Abgraten stehengebliebene Werkstoffansatz, kurz Gratansatz "g" genannt. In Abbildung 48 sind vier grundsätzlich mögliche Fälle für die Entstehung von Gratansatz zusammengestellt. Dieser kann demnach entstehen, wenn entweder das Maß des Abgratschnitts a_s größer als das des abzugratenden Teils a_r ist oder Versatz auftritt, der das Maß des Schmiedestücks a_r - über die versetzten Kanten gemessen - entsprechend Abschnitt 12 auf a_r + V vergrößert. Beide Fälle überlagern sich in der Praxis (Fall 3 und 4), zumal das Anpassen der Schnittplattenabmessungen an die Schmiedestückabmessungen, die infolge Gesenkverschleiß und Temperaturunterschieden ständig Schwankungen unterliegen, sehr schwierig ist.

Versatz und Gratansatz hängen zwar untereinander zusammen, haben aber grundsätzlich verschiedene Wirkungen. Infolge zu großen Versatzes läßt sich das Fertigmaß aus dem Schmiedestück nicht mehr herausarbeiten. Gratansatz hingegen bewirkt durch Stöße auf die Werkzeugschneiden beim Abspanen eine Verkürzung der Standzeit der Bearbeitungswerkzeuge.

Nachdem wir nun sowohl den Einfluß der Beschaffenheit einer Gesenkhälfte als auch den des Zusammenwirkens beider Gesenkhälften behandelt haben, müssen wir uns noch den außerhalb des Gesenkes liegenden Einflüssen zuwenden. Anschließend daran werden wir aufbauend auf den gewonnenen Erkenntnissen Vorschläge für eine Neugestaltung der Schmiedetoleranzen machen können.

5 A u ß e r h a l b   d e s   G e s e n k e s   l i e g e n d e   E i n f l ü s s e

Nach der Formgebung im Gesenk, die mit den in Abschnitt 3 und 4 behandelten Ungenauigkeiten behaftet ist, treten drei weitere Fehlerquellen auf:

> Maßabweichungen durch unterschiedliche Schwindung,
> Maßabweichungen durch Verbiegung und Verzug,
> Einfluß des Zunders.

Alle drei Themen können im Rahmen dieser Arbeit nur gestreift werden, da ihr Umfang so groß ist, daß sie eigene in sich abgeschlossene Arbeiten rechtfertigen.

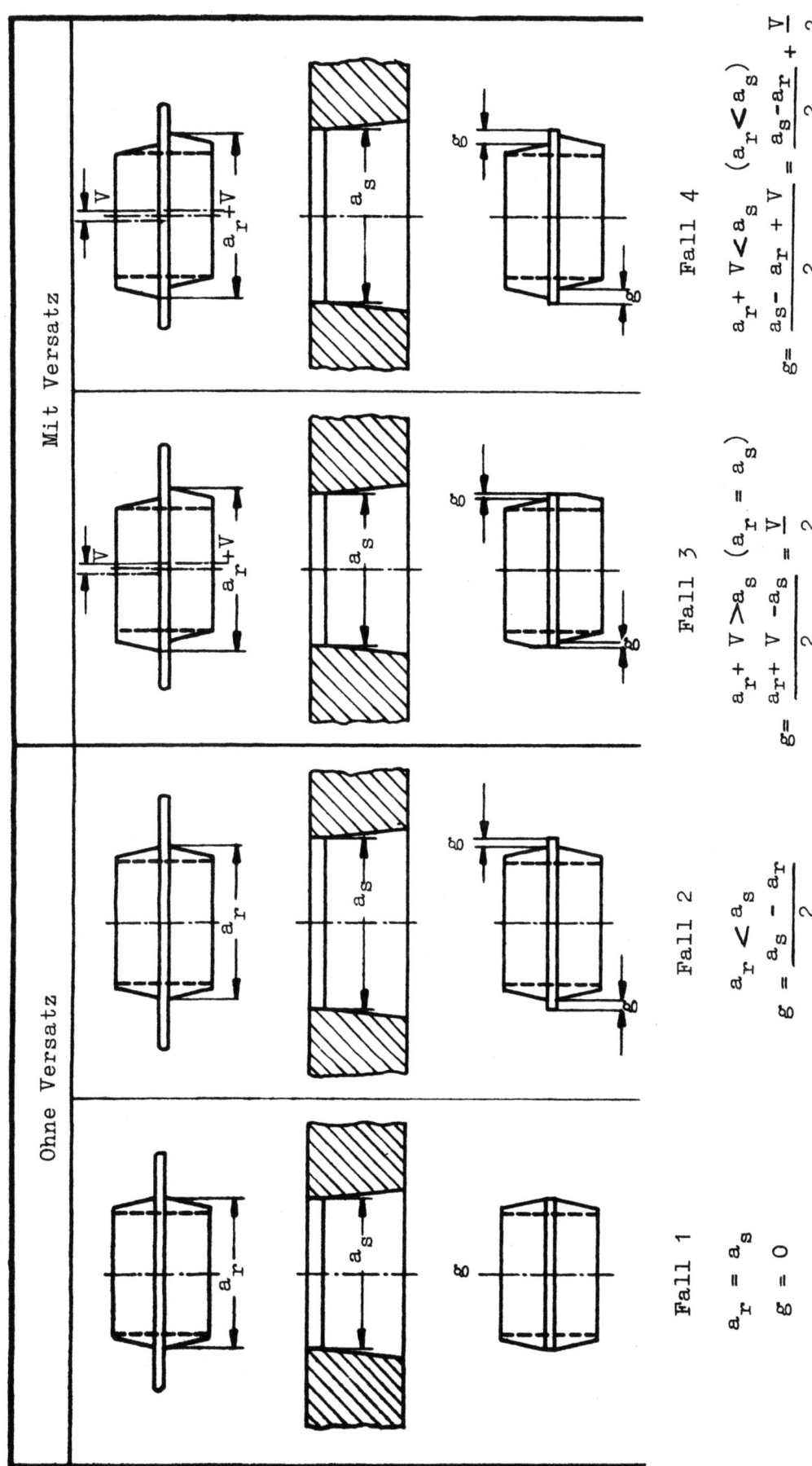

Abbildung 48
Versatz und Gratansatz bei Gesenkschmiedestücken

51 Schwindmaß

Das Schwindmaß als unbenannte Zahl gibt bekanntlich an, um welchen Teil seiner Länge sich ein Stück bei der Abkühlung, von einer bestimmten Temperatur aus gerechnet, zusammenzieht. Beim Gesenkschmieden muß daher die Ablegetemperatur innerhalb einer bestimmten "Temperaturtoleranz" eingehalten werden, damit die Maßungenauigkeit des erkalteten Stückes nicht auch noch durch Schwindmaßschwankungen vergrößert wird (die Ablegetemperatur ist die Temperatur, bei der das Stück den letzten Schlag erhält). Besonders zu beachten ist hierbei der unstetige Verlauf der Wärmeausdehnungskurven im Gebiet der $\gamma - \alpha$ Umwandlung, d.h. je nach Stahlart zwischen 700 und 900°C. Den für Kohlenstoffstähle kennzeichnenden Verlauf zeigt Abbildung 49. SPENCER berichtet von Messungen an einer Reihe in verschiedenen Temperaturstufen geschmiedeter Pleuelstangen von 230 mm Länge. Diese wurden von überhitzten, normal und unter Schmiedetemperatur erwärmten sowie dicht oberhalb des Umwandlungsbereiches und im Umwandlungsbereich mit ihren Temperaturen liegenden Butzen geschmiedet. Dabei zeigten sich Längenänderungen bis zu 3 mm (19). Nach anderen Schrifttumsangaben betragen die Ausdehnungsbeiwerte für 25 verschiedene unlegierte Stähle zwischen 25 und 600°C im Durchschnitt $14,2 \cdot 10^{-6}$ und oberhalb der $\gamma - \alpha$ Umwandlung $23 \cdot 10^{-6}$. Aus diesen Angaben läßt sich das Schwindmaß je nach Ablegetemperatur errechnen. Bei legierten Stählen müssen die Kurven für jede Stahlsorte getrennt betrachtet werden. So dehnt sich z.B. ein Siliziumstahl mit 3,7 % Si oder ein Nickelstahl mit 34,5 % Ni nahezu temperaturproportional aus. Im Gegensatz dazu zeigt ein Chrom-Nickel-Stahl mit 2,5 % Cr, 3,9 % Ni und 0,4 % V ein dem Kohlenstoffstahl ähnliches Verhalten. Ganz allgemein haben ferritische Stähle (Cr-haltig) geringere Ausdehnungsbeiwerte als austenitische Stähle (Cr-Ni-haltig).

Diese kurze Übersicht über die Abhängigkeit von Ausdehnungsbeiwert und damit Schwindmaß vom Werkstoff mag hier genügen. In der Praxis werden für Kohlenstoffstähle recht verschiedene Schwindmaße von 1 ... 2,5 % genannt, wobei jedoch die Bezugstemperaturen fehlen.

Zwecks Beschaffung von gerade für die Gesenkschmiedeindustrie geeigneten Zahlenangaben wurden 1943 Schwindmaßmessungen an 10 verschiedenen Stahlsorten vorgenommen (38). Stäbe von 55 - 60 mm ⌀ und 500 mm Länge wurden im gasbeheizten Ofen erwärmt und während der Abkühlung bei bestimmten

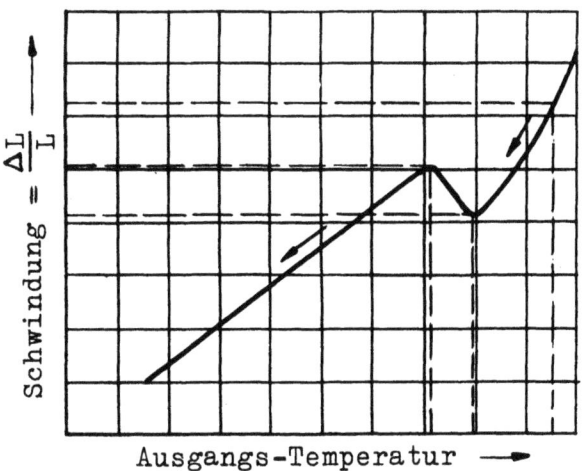

Abbildung 49
Schematische Darstellung der Schwindung
Stahl mit γ-α-Umwandlung

Temperaturen mit einer Schieblehre gemessen. Dieses Verfahren ist bei der großen Meßlänge an sich sehr genau (Meßgenauigkeit der Schieblehre 0,3 mm = 0,06 %), doch traten beim Messen weitere Fehler, wie Verzunderung an den Meßstellen und Zeitverlust vom Ziehen bis zum Messen, auf. Der Gesamtfehler der angegebenen Schwindmaßwerte dürfte bei einer Gesamtschwindung von 7 - 10 mm von 1000°C auf 20°C etwa 5 % für den oberen Temperaturbereich betragen. Trotz dieser guten Genauigkeit lassen die aufgenommenen Kurven die γ-α Umwandlung nicht oder nur schlecht erkennen. Die Ergebnisse sind in Tabelle 9 zusammengestellt. Sie sind deshalb wertvoll, weil erstmals das Schwindmaß abhängig von der Temperatur angegeben ist. Unter 850 bis 900°C sollten die Tabellenwerte jedoch nicht angewandt werden, da der Umwandlungsbereich durch die Messungen nur mangelhaft erfaßt wurde.

Das Schwindmaß beeinflußt nun die Maßhaltigkeit der Gesenkschmiedestücke insofern, als es in Abhängigkeit von Ablegetemperatur und Genauigkeit der gemessenen Werte bestimmten Schwankungen unterworfen ist. Diese bestimmen zum Teil die Streuung der Teil-Lose, wie sie aus einigen Bildern der Abschnitte 3 und 41 zu ersehen ist.

Im Zusammenhang mit Abschnitt 6 kommt es zwecks möglichst weitgehender Gesenkausnutzung darauf an, den von Schwindmaßschwankungen herrührenden Anteil der Streuung einer Verteilungskurve klein zu halten. Das ist durch

Tabelle 9

Schwindmaße von verschiedenen Stahlsorten

Nr.	Stahlsorte	Analyse							Brinell-härte kg/mm²	Magnet.	Verkürzung β ‰ je 100°C bei Abkühlung		
		C	Si	Mn	Cr	Ni	Mo	V			im Ofen	an Luft	in Holzkohlenasche
1	St.37.11	0,1	0,25	0,50					125	Unmagnet.	1,48	1,35	
2	St.C 45.61	0,46	0,35	0,55					210		1,62	1,44	
3	St.C 60.61	0,60	0,25	0,60					250		1,76	1,55	
4	—	0,44	0,35	1,60					260		1,54	1,34	
5	EC 100	0,22	0,30	1,40	1,45				340	Magnetisch	1,63	1,52	
6	—	0,18	0,60	0,42	14,0	0,50			210		1,59		1,12
7	—	0,19	0,26	0,52	1,8	1,7	0,20		300		1,42		1,18
8	—	0,11	0,90	0,80	15,0	0,30		2,0	175	Unmagnetisch	2,0		1,82
9	—	0,45	2,80	1,15	18,0	9,5	1,0		240		2,11		1,85
10	—	0,10	0,70	0,50	18,2	9,0		0,55	155		2,03		1,87

$$\text{Schwindmaß} = \frac{\theta \cdot \beta}{1000} \quad [\%]$$

θ = Ablegetemperatur [°C]

Einhaltung enger Temperaturtoleranzen und Verwendung genauer Schwindmaßangaben möglich[26].

Wir haben nun einige Möglichkeiten, um die Schwankungen der Schwindung klein zu halten. Die Ziehtemperaturen lassen sich durch genaue Ofenüberwachung (Temperatur- und Wärmzeitkontrolle) in engen Grenzen halten. Der Einfluß der Schmiedezeit, während der das Stück entweder durch Berührung mit der Luft oder den Gesenken abkühlt, läßt sich rechnerisch annähernd erfassen, so daß bei guter Einhaltung des Arbeitstaktes die Ablegetemperaturen nur wenig schwanken dürften (39).

Nach Fertigstellung dieser Arbeit wurde dem Verfasser eine inzwischen fertiggestellte Diplomarbeit "Untersuchung über das Schwinden von Gesenkschmiedestücken" bekannt, die die eigenen Ergebnisse bestätigt und noch erweitert (40). Erstmalig werden darin auch Angaben über den Einfluß der Form auf die Schwindung bzw. das Schwindmaß gemacht und vorgeschlagen, die Gesenkschmiedestücke in Formenklassen mit zugehörigen Formbeiwerten für das Schwindmaß einzuteilen. Das Produkt aus Formbeiwert und Schwindmaß, wie es aus den Ausdehnungskurven entnommen wird, ergibt dann das bei der Gesenkherstellung zu berücksichtigende Schwindmaß. Darüber hinaus wird für Kohlenstoffstähle eine Formel angegeben, die das unberichtigte Schwindmaß, abhängig vom C-Gehalt und der Ablegetemperatur, zu berechnen erlaubt.

52 Verformung durch Werfen und Verzug

Grundsätzlich ist zwischen zwei Arten von Verformungen zu unterscheiden:

1. Örtliche Verformungen bzw. Verletzungen der Oberfläche,
2. Verformung des ganzen Schmiedestückes, insbesondere Abweichungen von der Soll-Mittellinie.

Örtliche Verformungen treten als Folge von Werfen usw. beim Auftreffen auf Ecken oder scharfe Kanten, z.B. auf den Grat von bereits abgekühlten Schmiedestücken auf. Sie können so tief in die Oberfläche eindringen, daß die betreffende Fläche nicht mehr sauber bearbeitet werden kann. So wurden an verschiedenen Teilen Kerben von 0,7 bzw. 1 mm Tiefe festgestellt.

---

26. Für ein Teil mit 100 mm Länge aus C-Stahl mit 0,86 % C ist z.B. bei 100°C Schwankung in der Ablegetemperatur eine Maßschwankung von etwa 0,15 mm zu erwarten.

Empfindliche Schmiedestücke müssen vor derartigen Verletzungen der Oberfläche geschützt werden, indem man sie sorgfältig ablegt, anstatt daß sie geworfen werden.

Verformungen des ganzen Stückes infolge von Wärmespannungen lassen sich dagegen nicht immer vermeiden. Hier ist es besonders der Grat, der schnell abkühlt und beim Zusammenziehen das noch warme Stück verformt. Eine rechnerische Erfassung der Vorgänge ist selbst bei geometrisch einfachen Körpern nicht möglich, da zu viel Veränderliche vorliegen; es müssen vielmehr durch systematische Beobachtungen Erfahrungen gesammelt werden.

So wurde z.B. beim Schmieden von Lenkhebelwellen ein Einfluß des Ablegens festgestellt. Nacheinander wurden dreimal je 20 Teile entnommen und auf einen Haufen geworfen, sorgfältig auf einer Eisenplatte nebeneinander abgelegt oder in Asche abgekühlt. Anschließend wurde die Verformung des Hebelarmes gemessen (Abbildung 50) und dabei die Abweichungen von einem Blei-Bezugsstück ermittelt. Die danach aufgestellten Verteilungskurven (Abb. 50, oben) zeigen eine große Streuung der gemessenen Abweichungen. Die Teile wurden dann wieder erwärmt, abgegratet und zum zweiten Mal an der gleichen Stelle - die Lage wurde durch eine Vorrichtung gesichert - ausgemessen. Diesmal ergab sich die in Abb. 50 unten gezeigte Verteilung der Abweichungen vom Bezugsstück. Durch das Abgraten wurden demnach nicht nur die vorher unterschiedlichen Streuungen der 3 Teillose wesentlich verkleinert und einander ausgeglichen, sondern auch deren häufigste Werte um 1,5 bis 2 mm auf der Abszisse verschoben. Das bedeutet ein Rückgängigmachen der ursprünglichen Verformung unter gleichzeitigem Aufbringen einer neuen Verformung in entgegengesetzter Richtung; diese wurde durch den in der Mitte des Hebelarms etwas hohl aufliegenden Abgratstempel bewirkt. Bei genau gearbeitetem Stempel hätte sich eine "Rückformung" der Hebelarme in ihre normale Lage - d.h. häufigste Werte der Verteilungskurven bei Null - erzielen lassen.

Auch bei kalt abgegrateten Teilen wurde ähnliches beobachtet. Demnach hat also das Abgratwerkzeug einen Einfluß auf die Formgenauigkeit der Gesenkschmiedestücke. Dieser Einfluß macht sich in erster Linie bei Verformungen in Richtung der Stempelbewegung bemerkbar. Er läßt sich dazu benutzen, bei der Abkühlung durch Verzug hervorgerufene Verformungen durch "Rückformung" wieder auszugleichen.

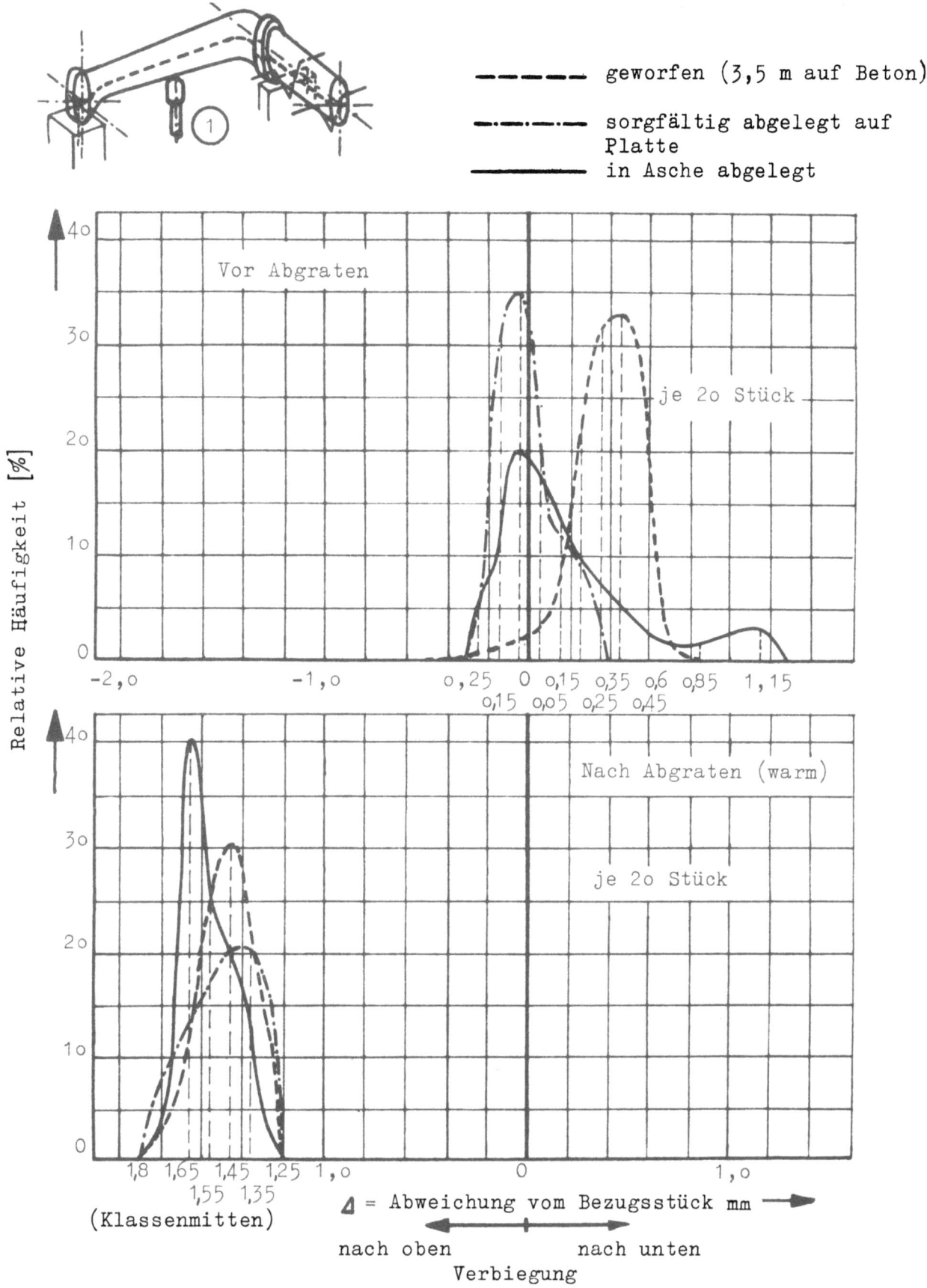

Abbildung 50
Durchbiegung in senkrechter Ebene an einer Lenkhebelwelle durch Werfen und Verzug

53 <u>Zunder</u>

Eisen und Stahl werden beim Erwärmen vom Sauerstoff der Luft oder der Ofenatmosphäre oberhalb 500°C (= Grenze der wahrnehmbaren Oxydationsgeschwindigkeit) angegriffen. Dabei übertrifft die Oxydationswirkung des Wasserdampfes der Ofenatmosphäre bei weitem die des Luftsauerstoffes (41).

Wir nennen nun den beim Wärmen entstehenden Zunder Ofenzunder oder "Primärzunder", den nach der Entnahme aus dem Ofen sich bildenden Zunder "Sekundärzunder"; dieser bildet sich in weit geringerem Ausmaß. In erster Linie ist es also der Primärzunder, der sich nachteilig auf die Maßgenauigkeit der Gesenkschmiedestücke auswirkt. Im einzelnen können wir folgende ungünstige Einflüsse des Zunders feststellen:

1. <u>Werkstoffverluste</u>: Diese liegen bei einmaligem Wärmen im gasbeheizten Ofen je nach Stückgröße und -form zwischen 1...5 % des Einsatzgewichtes[27].

2. <u>Gesenkverschleiß</u>: Offensichtlich ist bei starker Verzunderung der Gesenkverschleiß größer, doch liegen noch keine zahlenmäßigen exakten Angaben darüber vor. Amerikanische Quellen, wonach sich nach Anwendung induktiver Erwärmung die Gesenklebensdauer um 20 bis 300 % erhöhte (42)(43), sind mit Vorsicht zu bewerten, da sich infolge der großen Streuung von Gesenkstandzeiten erst nach langen Versuchsreihen derartige Aussagen machen lassen (44).

3. <u>Oberflächen der fertigen Teile</u>: Diese werden durch eingeschlagene Ofenzunderstücke verletzt und zeigen nach dem Schmieden ein narbiges Aussehen.

4. <u>Maßgenauigkeit</u>: Sekundärzunder beeinträchtigt durch Werkstoffverlust <u>nach</u> der Formgebung die Maßhaltigkeit der Gesenkschmiedestücke. Primärzunder kann infolge Werkstoffverlustes das Vollwerden der Stücke beeinträchtigen.

---

27. Ergebnisse von Untersuchungen in verschiedenen Betrieben

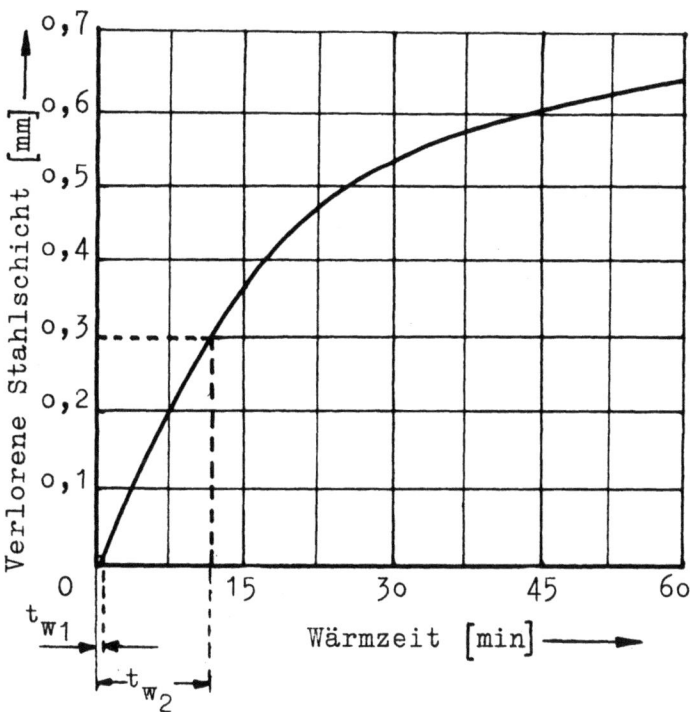

Abbildung 51

Einfluß der Wärmzeit auf den Abbrand (n. HEILIGENSTAEDT (51))

(Stahl mit 0,07 C bei 1300°C und 3 % Luftmangel)

t_{w_1} = Wärmzeit induktiv; t_{w_2} = Wärmzeit im Gasofen (schematisch)

Die zeitliche Abhängigkeit der Verzunderung zeigt Abbildung 51. Danach hat die Wärmzeit erheblichen Einfluß auf die Dicke der verlorenen Stahlschicht, das ist die Schicht, die durch Oxydation in Zunder umgewandelt wird. Wir müssen daher möglichst kurze Wärmzeiten anstreben, wenn die Zunderbildung klein bleiben soll. Läßt sich jedoch die Entstehung einer dickeren Zunderschicht nicht vermeiden, so ist die Entfernung der Zunderschicht vor dem Schmieden unbedingt erforderlich. Das kann durch Stauchen, Abbürsten, Hindurchführen von Stangen durch federnd gelagerte Rillenräder (45) oder Besprühen mit Druckwasser von 100 at ("water descaling") geschehen. In den meisten Fällen wird die Entfernung des Zunders vor dem Schmieden genügen.

Will man jedoch die Nachteile der Zunderbildung vollständig ausschalten, so muß man zu Wärmverfahren übergehen, bei denen praktisch kein Zunder mehr auftritt. Diese Verfahren sind an sich bekannt. Sie seien jedoch hier noch einmal der Vollständigkeit halber genannt.

1. Induktive Erwärmung mit und ohne Schutzgasverwendung (42)(46)
2. Elektrische Widerstandserwärmung (47)(48)
3. Erwärmung im Selasofen (49)(43)
4. Erwärmung im Kammerofen unter Schutzgas (5o)(51)
5. Erwärmung im Salzbad (49)

Diese Ausführungen über den Zunder und seinen Einfluß auf die Arbeitsgenauigkeit beim Gesenkschmieden mögen hier genügen. Viele Gesichtspunkte, wie Einfluß von Stahlart, Verbrennungseinstellung, Wärmtemperatur sowie ihre zeitliche Änderung, müssen hier unbehandelt bleiben. Wesentlich ist für den Betrieb, daß die Verzunderung bestimmten gesetzmäßigen und damit beherrschbaren Einflüssen unterliegt. Damit hat man es bezüglich des Zunders in der Hand, den Genauigkeitsbelangen beim Gesenkschmieden auf verschiedene Weise unter Berücksichtigung größtmöglicher Wirtschaftlichkeit Rechnung zu tragen.

6 Vorschläge für Überarbeitung der "Technischen Richtlinien für die Lieferung, Herstellung und Gestaltung von Gesenkschmiedestücken aus Stahl"

In den vorhergehenden Abschnitten haben wir uns bemüht, die Ursachen der Ungenauigkeiten beim Gesenkschmieden zu analysieren und die bekannten Grundsätze und Regeln der Toleranzlehre auf die Besonderheiten des Gesenkschmiedens anzuwenden. Wir müssen nun die dabei gewonnenen Erkenntnisse benutzen, um daraus Vorschläge für eine Überarbeitung der deutschen Normen für Gesenkschmiedetoleranzen abzuleiten.

Dabei müssen wir uns zwei Fragen vorlegen:
a) in welcher Richtung bestehen Änderungswünsche?
b) wieweit ist deren Verwirklichung durch Verfahren und Fertigungsmittel möglich?

61 Empfehlungen für neue Normen für Gesenkschmiedetoleranzen

Hinsichtlich der Größe der Breiten- und Längentoleranzen bestehen keine Änderungswünsche. Dagegen werden engere Dickentoleranzen wegen wirtschaftlicher Bearbeitung (neben Drehen und Fräsen auch Schruppschleifen und -läppen sowie Maßprägen) empfohlen. Es lassen sich bei Gesenkschmiedestücken "m" ohne besondere Maßnahmen Dickenabweichungen, die ~ 2/3 der bisherigen Toleranzen betragen, einhalten. Da in DIN 7524 die Dickentoleranzen einerseits sowie die Breiten- und Längentoleranzen andererseits gleich sind und letztere beibehalten werden sollen, sollten in einer neuen Norm die Dickentoleranzen einen Stufensprung $\varphi = 1,6$ enger sein als in der heute gültigen Norm. Das ist ohne Verfahrensänderung und besonderen Aufwand an Fertigungsmitteln erreichbar.

Die Unterscheidung von Breiten- und Längenversatztoleranzen in den Normen sollte entfallen und dafür eine Norm für Versatztoleranzen aufgestellt werden. Besondere Maßnahmen zur Verkleinerung des Längenversatzes sind nicht erforderlich. Dieser ist vielmehr für Gesenkschmiedestücke "m" schon kleiner als es die Toleranzen heute erlauben.

Neben der Änderung der Toleranzen selbst erfordert die Überarbeitung noch eine Neufestlegung der Bezugsgrößen sowie der Stufung zwischen den einzelnen Genauigkeiten.

In DIN 7524 sind die Dicken-, Breiten- und Längentoleranzen bis $L = 3 B$ auf die Summe von Dicke und Breite bezogen. Das ist nicht sinnvoll. Sie sind vielmehr nach verschiedenen Gesichtspunkten zu tolerieren. Schon der lineare Einfluß des Schwindens verbietet die Anwendung gleicher Toleranzen für Länge, Breite und Dicke an einem Stück. Man beachte in diesem Zusammenhang, daß im ganzen übrigen Toleranzwesen die Toleranzen fast ausnahmslos allein von den tolerierten Größen (Durchmesser, Länge) abhängen. Als neue Bezugsgrößen werden daher vorgeschlagen:

	Bezugsgröße	
	neu	bisher
1. Dickentoleranzen	Dicke	Dicke + Breite
2. Breiten-, Durchmessertoleranzen	Breite Durchmesser	Dicke + Breite
3. Längentoleranzen	Länge	Dicke + Breite oder Länge
4. Versatztoleranzen	Breite	Breite oder Länge

Bei allen Toleranzen würde die Einführung von Länge oder Breite als Parameter eine bessere Anpassung an die Vielfalt der Gesenkschmiedestückformen ermöglichen.

Der Vorschlag, die Breite als Bezugsgröße für die Versatztoleranz zu verwenden, ist darin begründet, daß nach Abschnitt 2 entsprechend dem verwendeten Führungswinkel α der Längenversatz niemals größer werden kann als der Breitenversatz; eher bleibt er kleiner. Weiterhin besteht ein Zusammenhang zwischen Schmiedestückbreite - Gesenkbreite - Abstand der Führungen - Hammergröße und damit auch dem zulässigen Führungsspiel. Somit erscheint die Breite als Bezugsgröße für den Versatz zweckentsprechend.

Die Stufung der Toleranzen zwischen den Genauigkeiten - zumindest zwischen den Genauigkeiten "m" und "f" - sollte der Stufung der ISA-Toleranzen angepaßt werden. Der dort verwendete Stufensprung $\varphi = 1,6$ stellt die Funktionsschwelle der Toleranzen einfacher Längenmaße dar, d.h. eine technisch und wirtschaftlich merkliche Änderung tritt ein, wenn man eine Toleranz um $\sim 60\%$ erhöht.

Damit sind die Änderungsvorschläge hinsichtlich der Größe der Toleranzen und ihrer Bezugsgrößen genannt. Es bleiben jedoch noch Wünsche bezüglich einer Neuordnung der Beziehungen zwischen Nennmaß, Sollmaß und Abmaßen bei Schmiedestück und Gesenk offen.

62 Nennmaß, Sollmaß, Abmaße bei Schmiedestück und Gesenk

Bei der Frage, wie die im vorangegangenen Abschnitt vorgeschlagenen Toleranzen als Abmaße zum Nennmaß liegen sollen ist streng zwischen dem Gesenkschmiedestück und dem Gesenk zu unterscheiden. Die Toleranzen sind eindeutig für das Gesenkschmiedestück aufgestellt.

Bei der Abnahme kommt es nun lediglich darauf an, <u>daß das betreffende Maß des Schmiedestückes innerhalb der durch die Toleranz bestimmten Grenzmaße liegt</u>. Nach den Ergebnissen aus Abschnitt 32 und 41 kann angenommen werden, daß sich über die Schmiedetoleranz T eine annähernd symmetrische Verteilung mit breitem Rücken als Summe der in jedem Abnutzungszustand des Gesenks aufgenommenen Verteilungskurven ergibt. Die Angabe eines mit Abmaßen behafteten Sollmaßes ist dabei schlecht möglich; dies ist jedoch auch überflüssig, wie wir an Hand Abbildung 52 sehen werden. Wird als Nennmaß bei Außenmaßen das Kleinstmaß K, bei Innenmaßen das Größtmaß G festgelegt, so ergeben sich sehr einfache Beziehungen:

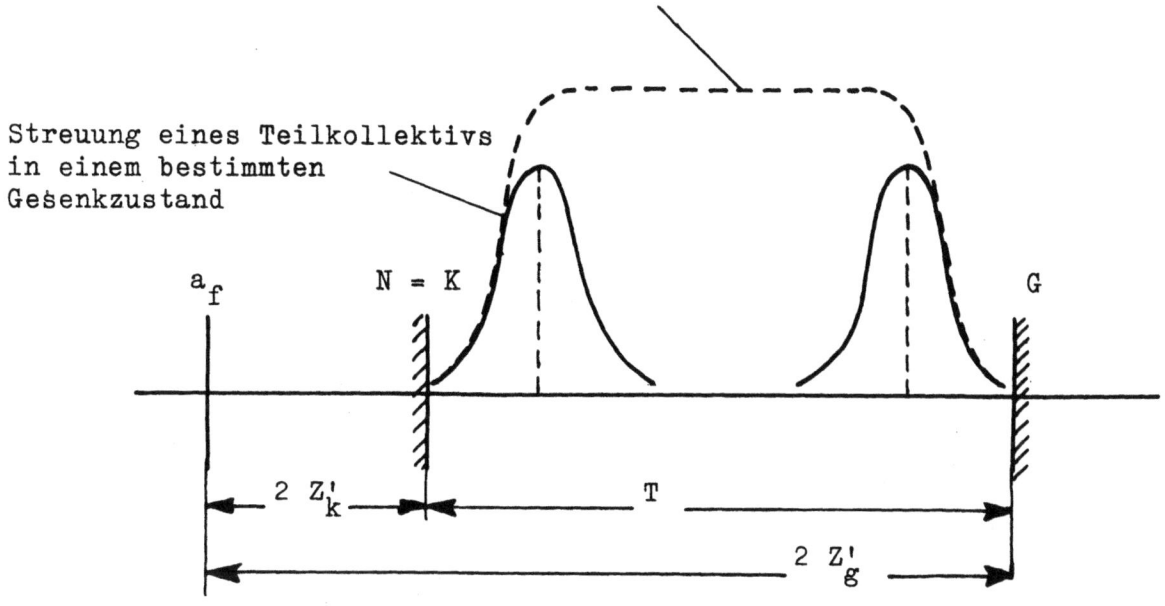

A b b i l d u n g 52

Beziehung zwischen Fertigmaß, Schmiedemaßen und Nennmaß
bei Gesenkschmiedestücken

	Außenmaße	Innenmaße
Kleinstmaß	$a_{r_k}' = K$	$G - T$
Größtmaß	$a_{r_g}' = K + T = a_{r_k}' + T$	G

Das Kleinstmaß ist entsprechend Abschnitt 12:

$$a_{r_k}' = K = a_f + 2 Z_k'$$

Die gesamte Toleranz ist danach bei Außenmaßen als Plus-Toleranz, bei Innenmaßen als Minus-Toleranz anzugeben. Bei Unterschreiten bzw. Überschreiten von Kleinst- und Größtmaß ist das betreffende Stück Ausschuß. Diese Schreibweise hat folgende Vorteile:

1. Die Zerlegung der Toleranz in ein oberes und unteres Abmaß - wie bisher in den Normen üblich - entfällt; die ganze Toleranz ist in <u>einer</u> Zahl sichtbar.

2. Das eine Grenzmaß wird gleichzeitig als Nennmaß geschrieben; das zweite wird durch die Toleranz bestimmt.

3. Das Nennmaß ist einfach aus der Summe von Fertigmaß und Kleinstzugabe[28] zu bestimmen; umgekehrt ersieht man sofort aus Roh-Nennmaß und Fertigmaß die abzuspanende Mindestschicht, aus der man auf Einsparungsmöglichkeiten bei den verschiedenen Bearbeitungsverfahren schliessen kann.

In dieser Hinsicht sind die Normen, DIN 7524 Blatt 1, unbefriedigend.

Soweit das Schmiedestück! Bei den Gesenken kann man von einem Sollmaß sprechen, das man wegen der Gesenkmaßveränderung <u>anstreben soll</u>. In erster Linie ist dabei neben dem Schwindmaß die Streuung des Einzelkollektivs T_E im Verhältnis zur Toleranz T der Gesenkschmiedestücke zu berücksichtigen (Abbildung 52). Es empfiehlt sich, das Nennmaß des Gesenkes gleich dem Nennmaß für das Schmiedestück zu wählen; dadurch erhält man nicht nur ein einheitliches Bezugsmaß, sondern hat auch den praktischen Vorteil, daß man klar übersieht, welche Beträge für Schwindung und Streuung des Einzelkollektivs man dazuzählen muß, um das Sollmaß zu erhalten. Das Sollmaß für das Gesenk ergibt sich dann nach Abbildung 53 zu:

$$a_{G_{soll}} = N + N \cdot \lambda + \frac{T_E}{2} + \frac{T_G}{2} \quad [mm]$$

λ = Schwindmaß

T_E = mittlere Gesamtschwankung des Einzelkollektivs (Eigenstreuung des Verfahrens)

T_G = Gesenkherstelltoleranz

Ein Beispiel mag die neue Schreibweise am besten erklären:

Breite Gesenkschmiedestück: $45^{+1,6}$ mm

Breite Gesenk: $45+0,7+0,55+0,1 = 45+1,35$ mm

Breite Gesenk toleriert ($\pm$ 0,1 mm): (Sollmaß = 46,35 mm)

$(45+1,35) \pm 0,1$ mm = $45^{+1,45}_{+1,25}$ mm

Über die Gesenkherstellgenauigkeit und das Schwindmaß sind in Abschnitt 31 und 51 Angaben gemacht.

---

28. Als Kleinstzugabe ist dabei der Wert Z_k' nach Abschnitt 12 einzusetzen, da mit Versatz zu rechnen ist

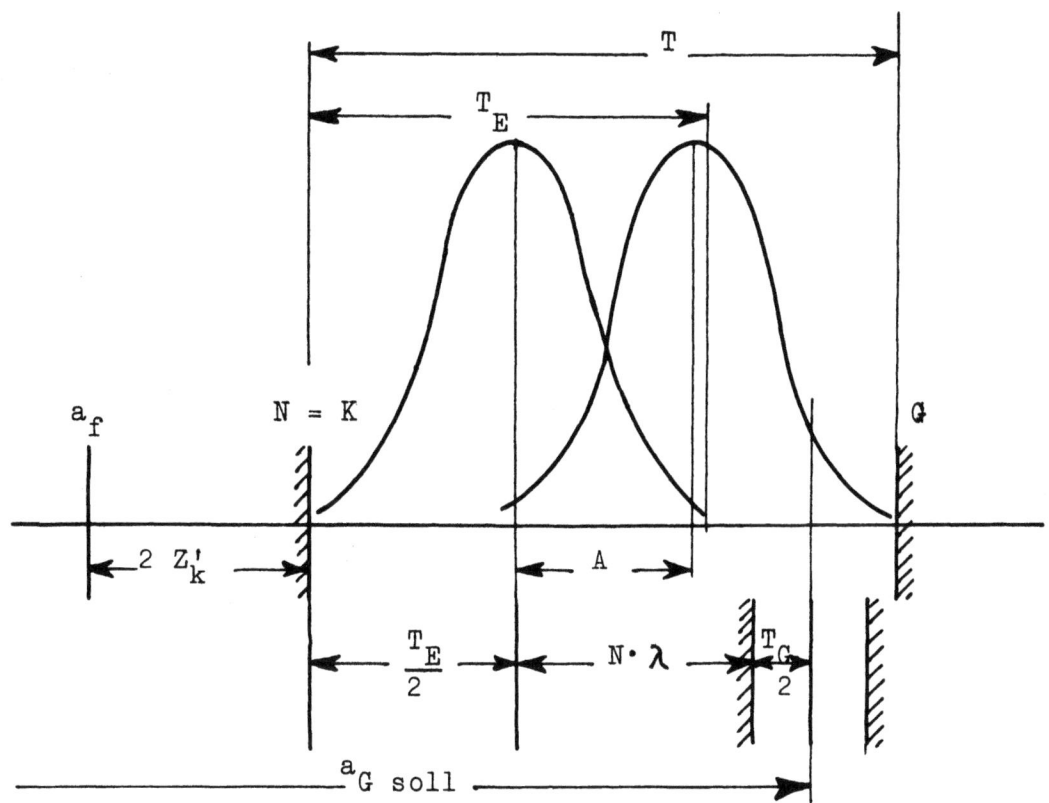

Abbildung 53
Beziehung zwischen Schmiedestückmaßen und Gesenkmaßen
bei Verwendung eines gemeinsamen Nennmaßes

Für die Größe von T_E haben wir zwei Hinweise. Die heute geltenden Normen für Gesenkschmiedestücke sollen durch die Angabe eines oberen und unteren Abmaßes der Gesenkmaßveränderung Rechnung tragen, d.h. das Maß $\frac{T_E}{2}$ entspricht etwa dem dort aufgeführten unteren Abmaß, das nach den deutschen, englischen, amerikanischen und schwedischen Normen zwischen 0,25 bis 0,50 T beträgt. Einen anderen Anhaltspunkt geben die Messungen an verschiedenen Losen von Gesenkschmiedestücken in Abschnitt 32 und 41 (Abbildung 36, 56 und 57) und andere ähnliche Unterlagen. Hiernach ergeben sich folgende Werte für $\frac{T_E}{2}$:

Abmessung	$\frac{T_E}{2}$
Dicke	0,14 ... 0,35 T
Breite	0,14 ... 0,35 T
Länge	0,07 ... 0,44 T

Die beiden hier angezogenen Unterlagen überdecken sich im großen und ganzen. Es wird daher vorgeschlagen, für Breiten- und Längenmaße einen Richtwert

$$\frac{T_E}{2} = 0{,}3 - 0{,}4 \, T \quad \text{oder} \quad T_E = 0{,}6 - 0{,}8 \, T$$

bei der Bestimmung des Gesenksollmaßes zu verwenden. Danach steht lediglich ein Betrag von 0,4 - 0,2 T für die Gesenkmaßveränderung A zur Verfügung[29].

Für Dickenmaße liegen die Verhältnisse jedoch anders. Werden die Dickentoleranzen entsprechend dem eben gemachten Vorschlag (s. Seite 100/101) in einer neuen Norm um etwa 1/3 enger gewählt, so erreicht $\frac{T_E}{2}$ einen Wert von ~0,5 T. Für Dickentoleranzen kann dann mit einem Richtwert

$$\frac{T_E}{2} = 0{,}45 - 0{,}5 \, T$$

gerechnet werden, umsomehr als Dickenmaße im allgemeinen nur einer sehr geringen Veränderung durch Verschleiß und Verformung unterliegen.

Die genannten Werte für $\frac{T_E}{2}$ sind nur als Anhalt aufzufassen. $\frac{T_E}{2}$ ist ein Wert, der gleichsam die Fertigungsgenauigkeit des Betriebes widerspiegelt, wobei er von 3 Größen beeinflußt wird: Umformmaschine, Ofen und Schmied. Richtige Wahl der Umformmaschine, genaue, überwachte Ofenführung und Können des Schmiedes lassen $\frac{T_E}{2}$ klein werden. Unmittelbar damit ist die Frage der Wirtschaftlichkeit verknüpft, denn mit kleinem $\frac{T_E}{2}$ kann die Gesenkabnutzung und damit die Ausbringung im Rahmen der Toleranz größer werden. Umgekehrt ist es möglich, $\frac{T_E}{2}$ entsprechend der vorliegenden Auftragsgröße kleiner oder größer zu wählen und damit den Aufwand entsprechend dem Auftrag zu stufen.

Alle Ausführungen gelten dabei unter der Voraussetzung, daß 99,8 % aller Teile innerhalb der Toleranzgrenzen liegen, also kein Ausschuß vorhanden ist. Sie beziehen sich auf die jeweils in einem Gesenk geschmiedeten Stücke.

Will ein Gesenkschmiedebetrieb die Genauigkeit der erzeugten Gesenk-

---

29. Merkmale für Beendigung der Lebensdauer von Gesenken sind
    1. Erreichen der zulässigen Gesenkmaßveränderung,
    2. Kerbrisse, ausgehend von tiefliegenden Hohlkanten,
    3. Rauhe Flächen, Verformung, schlechtes Aussehen.
    37 % aller Gesenke werden nach ASSMANN (11) wegen Verschleiß, Gesenkmaßveränderung unbrauchbar, 30 % infolge Kerbrissen

schmiedestücke in wirtschaftlicher Weise erhöhen, so sollte er sich zunächst eine Übersicht über den augenblicklichen Stand seiner Fertigung verschaffen. Das ist ohne große Schwierigkeiten mit Hilfe der Verfahren der statistischen Kontrolle möglich, die auch im Rahmen dieser Arbeit weitgehend angewandt wurden. Die Aufnahme der verschiedenen Häufigkeitskurven - Dicke, Breite, Länge und Versatz - ist mit einfachen Meßmitteln, wie Werkzeugmacherschieblehre, Schraublehre und Meßuhr, durchzuführen. Dabei ist die Genauigkeit der Mittelwertbildung von der Genauigkeit des Meßgerätes abhängig. Da die Meßgenauigkeit der Meßgeräte etwa $1/10$ bis $1/5$ der Werkstücktoleranz betragen soll, ist das Messen an Schmiedestücken mit Toleranzen unter 1 mm mit Schieblehren nicht ratsam. Es besteht sonst die Gefahr, daß der Fehler des Meßgerätes die gesuchten Einflüsse überdeckt. Dies wird besonders deutlich, wenn man für die statistische Kontrolle Teiltoleranzen mißt. Hierbei wird die gegebene Toleranz in meist 5 gleichgroße Teiltoleranzen eingeteilt. Die Schmiedestücke lassen sich dann durch Messung diesen Teiltoleranzen oder Klassen zuordnen, wodurch sich unmittelbar die Häufigkeitsverteilung ergibt. Hierbei muß die Meßgenauigkeit $\frac{1}{5} \cdot (\frac{1}{5} \ldots \frac{1}{10} \cdot T)$ werden, d.h. $\frac{1}{25}$ bis $\frac{1}{50}$ der Schmiedetoleranz betragen.

Neben der Aufnahme dieser Kurven ist die systematische Aufzeichnung der Lebensdauer der Gesenke und soweit erforderlich auch der Abgratwerkzeuge zu empfehlen. Ebenso ist es zweckmäßig, ständig den anfallenden Ausschuß tabellenmäßig mit Angabe der Ursache aufzuschreiben. Dieses Verfahren hat in der Praxis bereits gute Erfolge gezeigt (52).

7 Zusammenfassung

Das Ziel dieser Arbeit war, Erkenntnisse über Ursachen und Ausmaße von Maßabweichungen an Gesenkschmiedestücken sowie Abhilfen dagegen zu gewinnen, um zum Schluß

a) zu Betriebsrichtlinien für das Gesenkschmieden mit erhöhter Genauigkeit zu gelangen und

b) für eine Neuordnung der deutschen Normen für Gesenkschmiedetoleranzen Vorschläge machen zu können.

<u>Zu a)</u>

Die Sichtung und Auswertung des in- und ausländischen Schrifttums, die Sammlung von Erfahrungswerten und anderen Unterlagen in Gesenkschmieden

Forschungsberichte des Wirtschafts- und Verkehrsministeriums Nordrhein-Westfalen

und Gesenkschmiedestücke verarbeitenden Betrieben, die Anwendung der Regeln der Toleranzlehre auf das Gesenkschmiedestück sowie eine kritische Durchsicht der in Deutschland, England, Schweden und USA bestehenden Normen für Gesenkschmiedetoleranzen gab uns erstmalig eine umfassende Übersicht über den derzeitigen Stand der Arbeitsgenauigkeit beim Gesenkschmieden unter dem Hammer. Da das Gesenkschmiedestück nur in wenigen Fällen Fertigteil ist, folglich durch Abspanen weiter bearbeitet werden muß, wurden auch die Wechselbeziehungen zwischen Gesenkschmieden und Spanen, in erster Linie die notwendigen Bearbeitungszugaben, untersucht. Der Übergang zu höherer Arbeitsgenauigkeit erfordert weniger neuartige Maßnahmen als vielmehr Sorgfalt in der Arbeitsführung sowie Genauigkeit und Pflege der Fertigungsmittel, d.h. der Umformmaschinen und Werkzeuge. An diese sowie an den Menschen sind dabei besondere Anforderungen zu stellen. Umfangreiche Zahlenangaben veranschaulichen die Ergebnisse dieser Untersuchungen; sie ermöglichen u.a. die Einstufung der Gesenkschmiedestücke entsprechend ihrer Genauigkeit in ein System mit vier Genauigkeitsstufen, in dem neben den "genauen" auch die "ungenauen" Gesenkschmiedestücke ihren Platz finden. Dieses ist jedoch vorerst als ein erstrebenswertes Fernziel anzusehen; im Augenblick erscheint es vordringlich, die bestehenden Normen für Gesenkschmiedetoleranzen den heute vorliegenden Erkenntnissen anzugleichen.

Für die Herstellung der Gesenke wurden neue Gesichtspunkte bezüglich der zu fordernden Herstellgenauigkeiten aufgestellt. Danach besteht ein Zusammenhang zwischen Schmiedestückgenauigkeit, Gesenkherstellgenauigkeit und Meßgenauigkeit am Gesenk derart, daß jede Stufe 4 - 5 ISA-Qualitäten, d.h. um das Sechs- bis Zehnfache genauer als die vorhergehende sein sollte. Für die Messung der Innenmaße in der Hohlform werden verschiedene Abdruckwerkstoffe hinreichender Abdruckgenauigkeit angegeben; damit kann das Messen einfacher und schneller an Außenmaßen vorgenommen werden. Das damit festgestellte Gesenkmaß ist einer Veränderung infolge Verschleißes und Verformung der Gesenke unterworfen. Umfangreiche Beobachtungen und Versuche lassen gewisse Aussagen über beide Einflüsse zu, die bei Beachtung bestimmter Gestaltungs- und Werkstoffvorschriften stark zurückgedrängt werden können. Versuche bewiesen, daß der Verschleiß bei richtiger Abstimmung zwischen Vorform und Fertigform in letzterer auf ein sehr geringes Maß herabgesetzt werden kann. Weitere Untersuchungen ergaben u.a. Hinweise auf die ausreichende Bemessung der Stoßflächen an Gesenken, die Einhaltung gleichmäßiger Schmiedetemperaturen, die Vermeidung des Zunders sowie den Einfluß der Verformung von Teilen durch Werfen oder Verziehen und beim Abgraten.

Der beim Gesenkschmieden auftretende Versatz ist nach eigenen Messungen an großen Mengen von Gesenkschmiedestücken eine Funktion von Führungsspiel und -form und hängt daher von der Gestaltung und Einstellung der Bärführungen ab. Diese wurden an Hand einer Übersicht über eine Vielzahl von praktisch verwendeten Führungen untersucht und bestimmte Bestformen angegeben. Auch Fragen, betreffend die Gestaltung der Hammergestelle sowie den Gesenkeinbau im Hammer, wurden in diesem Zusammenhang behandelt.

Zu b)

Der Vergleich der deutschen mit den ausländischen Normen für Gesenkschmiedetoleranzen gab schon allein eine Reihe von Hinweisen für eine Überarbeitung der deutschen Normen. Zusammen mit den eigenen Erkenntnissen über die erzielbaren Arbeitsgenauigkeiten konnten daraus entsprechende Änderungsvorschläge abgeleitet werden. Diese betreffen im einzelnen die Größe der Maß- und Versatztoleranzen, ihre Bezugsgrößen sowie die Beziehung zwischen Nennmaß, Sollmaß und Abmaßen bei Schmiedestück und Gesenk. Hierfür wird eine neue, einfache Schreibweise angegeben.

In der vorliegenden Arbeit ist wohl erstmalig der Versuch gemacht, die Zusammenhänge zwischen Verfahren und Genauigkeit für das Gesenkschmieden unter dem Hammer umfassend darzustellen. Der Umfang des Stoffes brachte es mit sich, daß manche Gesichtspunkte nur gestreift werden konnten. Trotzdem zeitigen die Untersuchungen eine Reihe neuer Erkenntnisse, die sowohl für den praktischen Betrieb der Gesenkschmieden als auch für den Fachnormenausschuß Schmiedetechnik und darüber hinaus für die weitere wissenschaftliche Durchdringung des Gesenkschmiedens von Nutzen sein mögen.

Professor Dr.-Ing. K I E N Z L E ,
Dr.-Ing. KURT L A N G E ,
Forschungsstelle Gesenkschmieden am
Institut für Werkzeugmaschinen der
Technischen Hochschule Hannover

Literaturverzeichnis

1. WOLTER, K.H. — Diplomarbeit 1948 (Techn. Hochschule Hannover)

2. LEINWEBER, P. — Toleranzen und Lehren
(Springer, Berlin/Göttingen/Heidelberg, 1948)

3. STN Blatt 491 212 — (Seminar für Technische Normung, Technische Hochschule Hannover)

4. — Standard General Tolerances for Steel and Aluminium Die Forgings
(The National Association of Drop Forgers and Stampers, England, Ausgabe Juli 1949)

5. — Technische Richtlinien für Lieferung, Gestaltung und Herstellung von Schmiedestücken aus Stahl DIN 7520 - 7529 (Ausgabe 1944)

6. MEIER-TÖNDURY, E.H. — Neuere Fabrikationsmethoden und Befestigungsarten von Gasturbinenschaufeln
(Schweizer Archiv 15 (1949) Nr. 3, S. 65/75 - Konstruktion 3 (1951) H. 6, S. 193/5)

7. MAKAROWITSCH, W.E. — Die Materialzugaben im Schmiedewesen
(Werkstatttechnik 23 (1929) Nr. 23, S. 666/74)

8. CLARKE, E. — Definite Drop Forging Tolerances Will Aid in Lowering Costs
(Iron Age 127 (1931) Nr. 2, S. 152/3 u. 175)

9. SMITH, C.H. — Precision Forging of Temperature - Resistant Jet - Engine Blades
(Machinery, New York 55 (1949), Nr. 11, S. 160/67

10. ERKENS, A. — Gesenkschmieden. Regeln und Beispiele für den Konstrukteur
(Heft 5 der Reihe "Werkstattgerechtes Konstruieren", VDI-Verlag, Berlin 1938)

11. ASSMANN, H. — Haltbarkeit von Gesenken
(Schmiedetechn. Mitt. 2 (1944), Nr. 3 S. 250/65)

12. KAESSBERG, H. — Werkstofftechnische Gesichtspunkte beim Genauschmieden
(Maschinenbau - Betrieb 14 (1935) Nr. 13/14, S. 363/66)

13. KRUSE, O. — Technische und wirtschaftliche Voraussetzungen für das Genauschmieden
(Schmiedetechn. Mitt. 1950, Nr. 1, S. 15/19

14. HANSEN, P. — Verfahren und Wirtschaftlichkeit des Genauschmiedens von Gesenkschmiedestücken
(Z. VDI (1950) Nr. 11, S. 261/62)

15. KAESSBERG, H. — Schmiedetoleranzen
(Maschinenbau - Betrieb 8 (1929), S. 93)

Forschungsberichte des Wirtschafts- und Verkehrsministeriums Nordrhein-Westfalen

16. MARTINI, E.   Fortschritte im Genauigkeitsschmieden
(Vortrag VDI-Haus, Berlin 1943)

17. KAESSBERG, H.   Werkstattechnische Gesichtspunkte beim Genauschmieden
(Maschinenbau - Betrieb 14 (1935), S. 549/54)

18. KAESSBERG, H.   Gestaltung und Genauschmieden
(Maschinenbau - Betrieb 14 (1935)

19. SPENCER, L.F.   Forging Economies Through Die Design
(The Iron Age 166 (1950), H. 1o, S. 99/1o3; H. 11, S. 89/91)

20. MÜLLER, H.R.   Die Bearbeitungszugabe beim Räumen
(Werkstattstechn. u. Werksleiter (1942) Nr. 19/2o, S. 4o1/o9)

21. KIENZLE, O.   Außenräumen statt Fräsen
(Werkstattstechnik - Betrieb 38/23 (1944) Nr. 1/2, S. 1/6

22.   Der Entwurf von Gesenschmiedestücken
(Bericht nach "Machine Design" Febr. 1943, W.u.B. (1947) H. 2, S. 46)

23. DEURING, K.   Einmittgenauigkeit und Spannkraft
(Werkstattstechnik u. Werksleiter 31 (1937), S. 114 ff.)

24. KIENZLE, O.   Das Maßpreßverfahren
(Werkstattstechnik - Betrieb 38/23 (1944), S. 95/8)

25.   Standard Practises and Tolerances for Impression Die Forgings
(Drop Forging Association, USA, Ausg. Mai 1949)

26.   Druckschriften der Firmen AB Bofors und Stal & Maskin AB, Uppsala (Schweden)

27. LANGE, K.   Normen für Gesenkschmiedetoleranzen in Deutschland, Großbritannien, Schweden und den USA
(DIN-Mitteilungen Bd. 32 (1953), H. 5, S. 133/38)

28. KAESSBERG, H.   Gesenkschmieden von Stahl I. Teil
(Werkstattbücher Nr. 31, Springer, Berlin/Göttingen/Heidelberg 1950)

29. LEINWEBER, P.   Wirtschaftlichkeit von Meßgeräten
(Wt.u.Mb. 41 (1951), H. 1o, S. 396/4o2)

30. SPITZNER, W.   Gesenkverschleiß und Stahlfrage in der Warmpresserei
(Maschinenbau - Betrieb 5 (1926), S. 88o/87)

31. SCHILDBERGER   Über Gesenkstähle
(Z. VDI 73 (1929), S. 5o5/6)

32. HAUFE, W.   Einbauhärte von Warmarbeitswerkzeugen
(Ind.Anz. 74 (1952), Nr. 53, S. 623/5)

33. SCHEIER, S.L. u. CHRISTIN, R.E. — Verringerung der Gesenkkosten durch Hartverchromung
(Metal Progr. 56 (1949), Nr. 4, S. 492/4)

34. AREND, H. — Über die Härte von Hartchromschichten
(Metalloberfläche 3 (1951), H. 5)

35. SCHMIDT, K. u. KAHL, O. — Das anodische Polieren
(Z. VDI 91 (1949) H. 16, S. 389/9o)

36. MÜLLER, H. — Badnitrieren von Preßwerkzeugen
(Härtereitechn. Mitt. Bd. 3 (1944))

37. FINKELNBURG, H. — Druckstrahl-Läppen
(Metalloberfläche 6 (1952), S. 138/41)

38. Untersuchungen zur Bestimmung des Schwindmaßes von Stahl bei der Fa. Friedr. Krupp AG, Essen (1943)
(Auswertung bisher unveröffentlichter Unterlagen)

39. ZSCHEILE, M. — Lassen sich Anwärm- und Abkühlzeiten vorher bestimmen?
(Schmiedetechn. Mitt. 2 (1944), Nr. 3, S.236/49)

4o. RADEMACHER, L. — Untersuchung über das Schwinden von Gesenkschmiedestücken
(Diplomarbeit 1951, Rheinisch-Westf. Techn. Hochschule Aachen)

41. HEILIGENSTAEDT, W. — Die Verzunderung des Stahles bei Beheizung mit Starkgas
(Gas u. Wasserfach 79 (1936) S. 925/32)

42. SEULEN, G. — Das induktive Erwärmen im Schmiedebetrieb
(Schmiedetechn. Mitt. (1949) H. 1, S. 7/1o)

43. EELES, Ch.C. — Modern Heating Methods for the Steel Forge Plant
(Steel Processing (1949) H. 3, S. 149/54 und 161/62)

44. Über die Lebensdauer von Schmiedegesenken
(Bericht Nr. 29 aus der Forschungsstelle Gesenkschmieden am Inst. f. Werkzeugmaschinen der Technischen Hochschule, Hannover (1952))

45. Gesenkschmieden. Erfahrungen einer englischen Studienkommission in USA
(RKW-Auslandsdienst, H. 1, Carl Hanser-Verlag, München, 1951)

46. SEULEN, G. — Anwendungsgebiete der Induktionsheizung
(Industrieblatt 1951, H. 2)

47. "OMES"-Electro-Forging and Billet Heating Machines
(Machinery-Lloyd Vol. XXI, Nr. 21 A v. 15.1o.1949)

__Forschungsberichte des Wirtschafts- und Verkehrsministeriums Nordrhein-Westfalen__

48. AECKERSBERG, G.   Stauchen unter elektrischer Widerstandserwärmung
(Wt.u.Mb. 42 (1952) H. 5, S. 193/5)

49.   Recent Developments in Forging Technique
(Machinery (London) 75 (1949) No. 1938, S. 847/52)

50. KUNZE, E.   Schutzgase für die Wärmebehandlung von Stählen
(Bericht Nr. 785 des Werkstoffausschusses des Vereins deutscher Eisenhüttenleute)
(Stahl und Eisen 72 (1952) S. 561/9)

51. KÜHNE, F.   Erhitzen von Stahl vor dem Schmieden ohne Oxydation und ohne Entkohlung
(Ind.-Anz. 72 (1950) Nr. 15, S. 161/62)

52. LONG, R.D.   Quality Control Charts
(Machinery, (London) v. 29.12.51)

Forschungsberichte des Wirtschafts- und Verkehrsministeriums Nordrhein-Westfalen

Anhang Blatt 1

Einfluß schwankender Schnittiefe beim Abspanen von Gesenkschmiedestücken auf die Formgenauigkeit des bearbeiteten Teils

Beispiel: Abdrehen des Mittellagerbundes einer Nockenwelle von 450 mm Länge in zwei Arbeitsgängen, Schruppen und Schlichten.

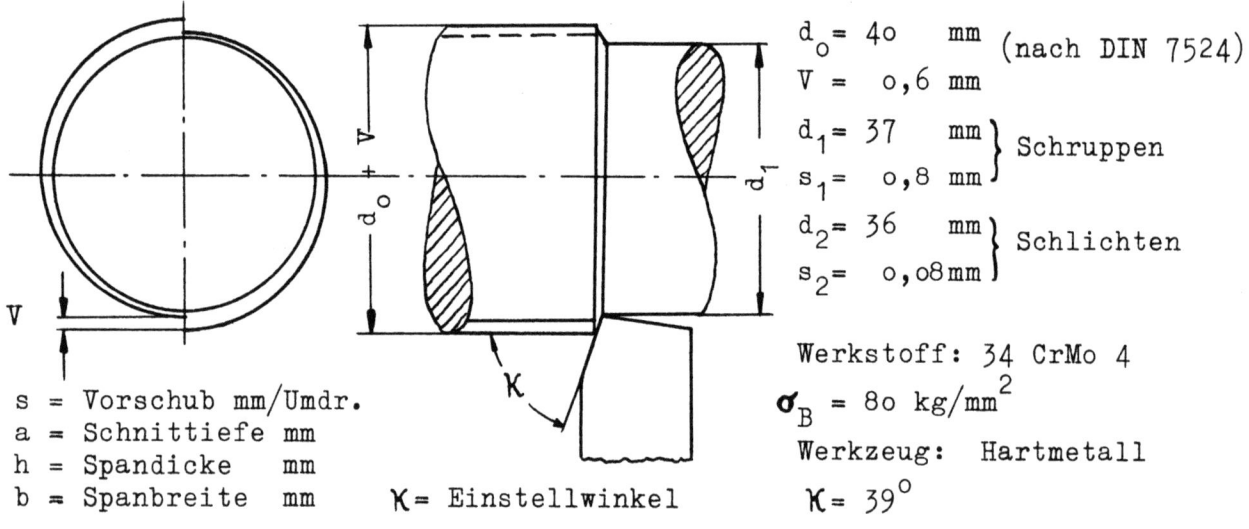

d_o = 40 mm (nach DIN 7524)
V = 0,6 mm
d_1 = 37 mm } Schruppen
s_1 = 0,8 mm
d_2 = 36 mm } Schlichten
s_2 = 0,08 mm

Werkstoff: 34 CrMo 4
σ_B = 80 kg/mm^2
Werkzeug: Hartmetall
κ = 39°

s = Vorschub mm/Umdr.
a = Schnittiefe mm
h = Spandicke mm
b = Spanbreite mm
κ = Einstellwinkel

---

1. **Schruppen:**

$$a_k = \frac{d_o - d_1}{2} = 1,5 \text{ mm} \quad \text{daraus: } h = 0,5 \text{ mm}, \; b = 2,3 \text{ mm} \quad ^{1)}$$

$$a_g = a_k + V = 2,1 \text{ mm} \qquad " \qquad h = 0,5 \text{ mm}, \; b = 3,2 \text{ mm}$$

Hauptschnittkraft P_{1k} = 300 kg, Abdrängkraft $P_{4k} = \frac{1}{3} P_{1k}$ = 100 kg $^{1)}$

" P_{1g} = 435 kg, " $P_{4g} = \frac{1}{3} P_{1g}$ = 145 kg

Schwankung der Abdrängkraft $\dfrac{P_{4g}}{P_{4k}} = \dfrac{P_{1g}}{P_{1k}} = \dfrac{a_g}{a_k} = 1,45$

Aus P_4 folgt für Belastungsfall 2:

Elastische Durchbiegung f_g = 0,21 mm, f_k = 0,14 mm $^{2)}$

Differenz der Durchbiegungen = <u>Unrundheit des Lagerbundes = 0,07 mm</u>

---

1. Zur Berechnung der Zerspangrößen sowie Schnittkräfte diente das "Leistungsschaubild für Drehen" - B.108 - vom 15.2.52, herausgegeben von Prof.Dr.-Ing. O. KIENZLE.

2. Bei der Berechnung der Durchbiegung wurde der mittlere Durchmesser der Nockenwelle = 30 mm angesetzt.

2. <u>Schlichten</u>:

$$a_k = \frac{d_{1k} - d_2}{2} = 0{,}5 \text{ mm} \quad \text{daraus: } h = 0{,}05 \text{ mm}, \ b = 0{,}8 \text{ mm} \quad ^{1)}$$

$$a_g = \frac{d_{1g} - d_2}{2} = 0{,}54 \text{ mm} \quad " \quad\quad h = 0{,}05 \text{ mm}, \ b = 0{,}9 \text{ mm}$$

Hauptschnittkraft $P_{1k} = 13{,}5$ kg, Abdrängkraft $P_{4k} = 4{,}5$ kg

" $P_{1g} = 14{,}5$ kg, " $P_{4g} = 5{,}0$ kg

Durch P_4 verursachte elastische Durchbiegung der Welle:

$$f_g = 0{,}0068 \text{ mm}, \ f_k = 0{,}0064 \text{ mm}$$

Differenz der Durchbiegungen = <u>Unrundheit des fertig gedrehten Bundes = 0,0004 mm.</u>

Die elastische Verformung der Werkzeugmaschine ist bei der Rechnung nicht berücksichtigt.

---

1. siehe Seite 114

Anhang Blatt 2

Maßabweichungen beim Maßprägen infolge Federung an Werkstück und Presse

1. **Auftretende Preßkräfte (Beispiel)**

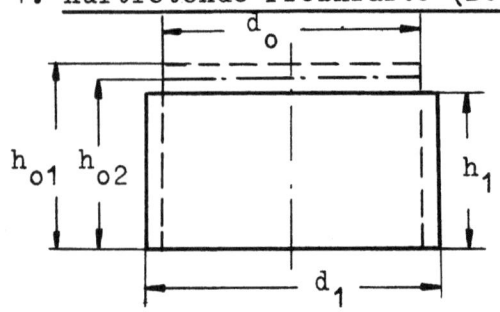

Abmessungen: $d_o = 60$ mm
$h_{o1} = 26,5$ mm $z_1 = 0,75$ mm/Fläche
$h_{o2} = 25,8$ mm $z_2 = 0,40$ mm/Fläche
$h_1 = 25,0$ mm

Stauchgrad: $h_1 = 0,057$ $h_2 = 0,031$

log. Stauchg.: $(-\varphi_h)_1 = 0,0586$ $(-\varphi_h)_2 = 0,0315$

Oberfläche nach Maßprägen $F_{1_1} = 2,995 \cdot 10^3$ mm$^3 = F_g$

$F_{1_2} = 2,910 \cdot 10^3$ mm$^3 = F_k$

Mit $k_f = 70$ kg/mm^2 wird $P_g = F_g \cdot k_f = 210$ t
$P_k = F_k \cdot k_f = 204$ t

---

2. **Rückfederung der Prägeteile**

Federkonstante $C = \dfrac{E \cdot F_{mittel}}{h_1} = \dfrac{21 \cdot 10^3 \cdot 2,952 \cdot 10^3}{25} = 2,48 \cdot 10^6$ kg/mm

Für die federnde Verformung besteht folgende Beziehung:

$\dfrac{P_g}{\Delta h_1} = \dfrac{P_k}{\Delta h_2}$ und $\dfrac{\Delta h_1}{\Delta h_2} = \dfrac{P_g}{P_k}$ Mit $\Delta h = \dfrac{P}{C}$ ergibt sich:

$\Delta h_1 = 0,0846$ mm, $\Delta h_2 = 0,0821$ mm

Rückfederungsdifferenz $\delta_h = \Delta h_g - \Delta h_k = 0,0025$ mm $= 2,5 \mu$

---

3. **Federung der Pressenständer bei Kurbel-, Exzenter- und Kniehebelpressen**

Annahme: Federung = 0,5 mm/100 t

$\Delta L_g = 2,1 \cdot 0,5 = 1,05$ mm
$\Delta L_k = 2,04 \cdot 0,5 = 1,02$ mm

Federungsdifferenz $\delta_L = \Delta L_g - \Delta L_k = 0,03$ mm $= 30 \mu$

Forschungsberichte des Wirtschafts- und Verkehrsministeriums Nordrhein-Westfalen

4. Zusammenfederung der Abstandstücke bei Maßpressen

2 Abstandstücke $B = 60$ mm, $H = 25$ mm, $L = 80$ mm

Federkonstante $C = \dfrac{2 \cdot E \cdot F}{H} = \dfrac{2 \cdot 21 \cdot 10^3 \cdot 60 \cdot 80}{25} = 8{,}1 \cdot 10^6$ kg/mm

Gesamte Federkonstante Werkstück + Abstandstücke = $10{,}58 \cdot 10^6$ kg/mm

Angenommene Höchstkraft der Presse P_{max} = 250 t

Verbleibende Preßkraft $P_{max} - P_g$ = 40 t

$P_{max} - P_k$ = 46 t

$\Delta L_g = \dfrac{P_{max} - P_k}{C} = 0{,}0043$ mm $\Delta L_k = \dfrac{P_{max} - P_g}{C} = 0{,}0038$ mm

Federungsdifferenz $\delta_L = \Delta L_g - \Delta L_k = 0{,}0005$ mm $= 0{,}5\,\mu$

FORSCHUNGSBERICHTE
DES WIRTSCHAFTS- UND VERKEHRSMINISTERIUMS
NORDRHEIN-WESTFALEN

Herausgegeben von Staatssekretär Prof. Leo Brandt

Heft 1:
Prof. Dr.-Ing. Eugen Flegler, Aachen
Untersuchungen oxydischer Ferromagnet-Werkstoffe

Heft 2:
Prof. Dr. phil. Walter Fuchs, Aachen
Untersuchungen über absatzfreie Teeröle

Heft 3:
Techn.-Wissenschaftl. Büro für die Bastfaserindustrie, Bielefeld
Untersuchungsarbeiten zur Verbesserung des Leinenwebstuhls

Heft 4:
Prof. Dr. E. A. Müller u. Dipl.-Ing. H. Spitzer, Dortmund
Untersuchungen über die Hitzebelastung in Hüttenbetrieben

Heft 5:
Dipl.-Ing. Werner Fister, Aachen
Prüfstand der Turbinenuntersuchungen

Heft 6:
Prof. Dr. phil. Walter Fuchs, Aachen
Untersuchungen über die Zusammensetzung und Verwendbarkeit von Schwelteerfraktionen

Heft 7:
Prof. Dr. phil. Walter Fuchs, Aachen
Untersuchungen über emsländisches Petrolatum

Heft 8:
Maria Elisabeth Meffert und Heinz Stratmann, Essen
Algen-Großkulturen im Sommer 1951

Heft 9:
Techn.-Wissenschaftl. Büro für die Bastfaserindustrie, Bielefeld
Untersuchungen über die zweckmäßige Wicklungsart von Leinengarnkreuzspulen unter Berücksichtigung der Anwendung hoher Geschwindigkeiten des Garnes
Vorversuche für Zetteln und Schären von Leinengarnen auf Hochleistungsmaschinen

Heft 10:
Prof. Dr. Wilhelm Vogel, Köln
„Das Streifenpaar" als neues System zur mechanischen Vergrößerung kleiner Verschiebungen und seine technischen Anwendungsmöglichkeiten

Heft 11:
Laboratorium für Werkzeugmaschinen und Betriebslehre, Technische Hochschule Aachen
1. Untersuchungen über Metallbearbeitung im Frässvorgang mit Hartmetallwerkzeugen und negativem Spanwinkel
2. Weiterentwicklung des Schleifverfahrens für die Herstellung von Präzisionswerkstücken unter Vermeidung hoher Temperaturen
3. Untersuchung von Oberflächenveredlungsverfahren zur Steigerung der Belastbarkeit hochbeanspruchter Bauteile

Heft 12:
Elektrowärme-Institut, Langenberg (Rhld.)
Induktive Erwärmung mit Netzfrequenz

Heft 13:
Techn.-Wissenschaftl. Büro für die Bastfaserindustrie, Bielefeld
Das Naßspinnen von Bastfasergarnen mit chemischen Zusätzen zum Spinnbad

Heft 14:
Forschungsstelle für Acetylen, Dortmund
Untersuchungen über Aceton als Lösungsmittel für Acetylen

Heft 15:
Wäschereiforschung Krefeld
Trocknen von Wäschestoffen

Heft 16:
Max-Planck-Institut für Kohlenforschung, Mülheim a. d. Ruhr
Arbeiten des MPI für Kohlenforschung

Heft 17:
Ingenieurbüro Herbert Stein, M. Gladbach
Untersuchung der Verzugsvorgänge in den Streckwerken verschiedener Spinnereimaschinen. 1. Bericht: Vergleichende Prüfung mit verschiedenen Dickenmeßgeräten

Heft 18:
Wäschereiforschung Krefeld
Grundlagen zur Erfassung der chemischen Schädigung beim Waschen

Heft 19:
Techn.-Wissenschaftl. Büro für die Bastfaserindustrie, Bielefeld
Die Auswirkung des Schlichtens von Leinengarnketten auf den Verarbeitungswirkungsgrad, sowie die Festigkeits- und Dehnungsverhältnisse der Garne und Gewebe

Heft 20:
Techn.-Wissenschaftl. Büro für die Bastfaserindustrie, Bielefeld
Trocknung von Leinengarnen I
Vorgang und Einwirkung auf die Garnqualität

Heft 21:
Techn.-Wissenschaftl. Büro für die Bastfaserindustrie, Bielefeld
Trocknung von Leinengarnen II
Spulenanordnung und Luftführung beim Trocknen von Kreuzspulen

Heft 22:
Techn.-Wissenschaftl. Büro für die Bastfaserindustrie, Bielefeld
Die Reparaturanfälligkeit von Webstühlen

Heft 23:
Institut für Starkstromtechnik, Aachen
Rechnerische und experimentelle Untersuchungen zur Kenntnis der Metadyne als Umformer von konstanter Spannung auf konstanten Strom

Heft 24:
Institut für Starkstromtechnik, Aachen
Vergleich verschiedener Generator-Metadyne-Schaltungen in bezug auf statisches Verhalten

Heft 25:
Gesellschaft für Kohlentechnik mbH., Dortmund-Eving
Struktur der Steinkohlen und Steinkohlen-Kokse

Heft 26:
Techn.-Wissenschaftl. Büro für die Bastfaserindustrie, Bielefeld
Vergleichende Untersuchungen zweier neuzeitlicher Ungleichmäßigkeitsprüfer für Bänder und Garne hinsichtlich Ihrer Eignung für die Bastfaserspinnerei

Heft 27:
Prof. Dr. E. Schratz, Münster
Untersuchungen zur Rentabilität des Arzneipflanzenanbaues
Römische Kamille, Anthemis nobilis L.

Heft: 28:
Prof. Dr. E. Schratz, Münster
Calendula officinalis L.
Studien zur Ernährung, Blütenfüllung und Rentabilität der Drogengewinnung

Heft 29:
Techn.-Wissenschaftl. Büro für die Bastfaserindustrie, Bielefeld
Die Ausnützung der Leinengarne in Geweben

Heft 30:
Gesellschaft für Kohlentechnik mbH., Dortmund-Eving
Kombinierte Entaschung und Verschwelung von Steinkohle; Aufarbeitung von Steinkohlenschlämmen zu verkokbarer oder verschwelbarer Kohle

Heft 31:
Dipl.-Ing. Störmann, Essen
Messung des Leistungsbedarfs von Doppelsteg-Kettenförderern

Heft 32:
Techn.-Wissenschaftl. Büro für die Bastfaserindustrie, Bielefeld
Der Einfluß der Natriumchloridbleiche auf Qualität und Verwebbarkeit von Leinengarnen und die Eigenschaften der Leinengewebe unter besonderer Berücksichtigung des Einsatzes von Schützen- und Spulenwechselautomaten in der Leinenweberei

Heft 33:
Kohlenstoffbiologische Forschungsstation e. V.
Eine Methode zur Bestimmung von Schwefeldioxyd und Schwefelwasserstoff in Rauchgasen und in der Atmosphäre

Heft 34:
Textilforschungsanstalt Krefeld
Quellungs- und Entquellungsvorgänge bei Faserstoffen

Heft 35:
Professor Dr. Wilhelm Kast, Krefeld
Feinstrukturuntersuchungen an künstlichen Zellulosefasern verschiedener Herstellungsverfahren

Heft 36:
Forschungsinstitut der feuerfesten Industrie, Bonn
Untersuchungen über die Trocknung von Rohton. Untersuchungen über die chemische Reinigung von Silika- und Schamotte-Rohstoffen mit chlorhaltigen Gasen

Heft 37:
Forschungsinstitut der feuerfesten Industrie, Bonn
Untersuchungen über den Einfluß der Probenvorbereitung auf die Kaltdruckfestigkeit feuerfester Steine

Heft 38:
Forschungsstelle für Acetylen, Dortmund
Untersuchungen über die Trocknung von Acetylen zur Herstellung von Dissousgas

Heft 39:
Forschungsgesellschaft Blechverarbeitung e. V., Düsseldorf
Untersuchungen an prägegemusterten und vorgelochten Blechen

Heft 40:
Landesgeologe Dr.-Ing. W. Wolff, Amt für Bodenforschung, Krefeld
Untersuchungen über die Anwendbarkeit geophysikalischer Verfahren zur Untersuchung von Spateisengängen im Siegerland

Heft 41:
Techn.-Wissenschaftl. Büro für die Bastfaserindustrie, Bielefeld
Untersuchungsarbeiten zur Verbesserung des Leinenwebstuhles II

Heft 42:
Professor Dr. Burckhardt Helferich, Bonn
Untersuchungen über Wirkstoffe — Fermente — in der Kartoffel und die Möglichkeit ihrer Verwendung

Heft 43:
Forschungsgesellschaft Blechverarbeitung e. V., Düsseldorf
Forschungsergebnisse über das Beizen von Blechen

Heft 44:
Arbeitsgemeinschaft für praktische Dehnungsmessung, Düsseldorf
Eigenschaften und Anwendungen von Dehnungsmeßstreifen

Heft 45:
Losenhausenwerk Düsseldorfer Maschinenbau AG., Düsseldorf
Untersuchungen von störenden Einflüssen auf die Lastgrenzenanzeige von Dauerschwingprüfmaschinen

Heft 46:
Professor Dr. phil. W. Fuchs, Aachen
Untersuchungen über die Aufbereitung von Wasser für die Dampferzeugung in Benson-Kesseln

Heft 47:
Prof. Dr.-Ing. habil. Karl Krekeler, Aachen
Versuche über die Anwendung der induktiven Erwärmung zum Sintern von hochschmelzenden Metallen sowie zur Anlegierung und Vergütung von aufgespritzten Metallschichten mit dem Grundwerkstoff.

Heft 48:
Max-Planck-Institut für Eisenforschung, Düsseldorf
Spektrochemische Analyse der Gefügebestandteile in Stählen nach ihrer Isolierung

Heft 49:
Max-Planck-Institut für Eisenforschung, Düsseldorf
Untersuchungen über Ablauf der Desoxydation und die Bildung von Einschlüssen in Stählen

Heft 50:
Max-Planck-Institut für Eisenforschung, Düsseldorf
Flammenspektralanalytische Untersuchung der Ferritzusammensetzung in Stählen

Heft 51:
Verein zur Förderung von Forschungs- und Entwicklungsarbeiten in der Werkzeugindustrie e. V., Remscheid
Untersuchungen an Kreissägeblättern für Holz, Fehler- und Spannungsprüfverfahren

Heft 52:
Forschungsstelle für Azetylen, Dortmund
Untersuchungen über den Umsatz bei der explosiblen Zersetzung von Azetylen
  a) Zersetzung von gasförmigem Azetylen,
  b) Zersetzung von an Silikagel adsorbiertem Azetylen

Heft 53:
Professor Dr.-Ing. H. Opitz, Aachen
Reibwert- und Verschleißmessungen an Kunststoffgleitführungen für Werkzeugmaschinen

Heft 54:
Professor Dr.-Ing. habil. F. A. F. Schmidt, Aachen
Schaffung von Grundlagen für die Erhöhung der spez. Leistung und Herabsetzung des spez. Brennstoffverbrauches bei Ottomotoren mit Teilbericht über Arbeiten an einem neuen Einspritzverfahren

Heft 55:
Forschungsgesellschaft Blechverarbeitung, Düsseldorf
Chemisches Glänzen von Messing und Neusilber

Heft 56:
Forschungsgesellschaft Blechverarbeitung, Düsseldorf
Untersuchungen über einige Probleme der Behandlung von Blechoberflächen

Heft 57:
Prof. Dr.-Ing. habil. F. A. F. Schmidt, Aachen
Untersuchungen zur Erforschung des Einflusses des chemischen Aufbaues des Kraftstoffes auf sein Verhalten im Motor und in Brennkammern von Gasturbinen.

Heft 58:
Gesellschaft für Kohlentechnik m. b. H., Dortmund
Herstellung und Untersuchung von Steinkohlenschwelteer.

Heft 59:
Forschungsinstitut der Feuerfest-Industrie, Bonn
Ein Schnellanalysenverfahren zur Bestimmung von Aluminiumoxyd, Eisenoxyd und Titanoxyd in feuerfestem Material mittels organischer Farbreagenzien auf photometrischem Wege
Untersuchungen des Alkali-Gehaltes feuerfester Stoffe mit dem Flammenphotometer nach Riehm-Lange

Heft 60:
Forschungsgesellschaft Blechverarbeitung e. V., Düsseldorf
Untersuchungen über das Spritzlackieren im elektrostatischen Hochspannungsfeld

Heft 61:
Verein zur Förderung von Forschungs- und Entwicklungsarbeiten in der Werkzeugindustrie e. V., Remscheid
Schwingungs- und Arbeitsverhalten von Kreissägeblättern für Holz

Heft 62:
Professor Dr. W. Franz, Institut für theoretische Physik der Universität Münster
Berechnung des elektrischen Durchschlags durch feste und flüssige Isolatoren

Heft 63:
Textilforschungsanstalt Krefeld
Neue Methoden zur Untersuchung der Wirkungsweise von Textilhilfsmitteln
Untersuchungen über Schlichtungs- und Entschlichtungsvorgänge

Heft 64:
Textilforschungsanstalt Krefeld
Die Kettenlängenverteilung von hochpolymeren Faserstoffen
Über die fraktionierte Fällung von Polyamiden

Heft 65:
Fachverband Schneidwarenindustrie, Solingen
Untersuchungen über das elektrolytische Polieren von Tafelmesserklingen aus rostfreiem Stahl

Heft 66:
Dr.-Ing. Peter Füsgen VDI †, Düsseldorf
Untersuchungen über das Auftreten des Ratterns bei selbsthemmenden Schneckengetrieben und seine Verhütung

Heft 67:
Heinrich Wösthoff o. H. G., Apparatebau, Bochum
Entwicklung einer chemisch-physikalischen Apparatur zur Bestimmung kleinster Kohlenoxyd-Konzentrationen

Heft 68:
Kohlenstoffbiologische Forschungsstation e. V., Essen
Algengroßkulturen im Sommer 1952
II. Über die unsterile Großkultur von Scenedesmus obliquus

Heft 69:
Wäschereiforschung Krefeld
Bestimmung des Faserabbaues bei Leinen unter besonderer Berücksichtigung der Leinengarnbleiche

Heft 70:
Wäschereiforschung Krefeld
Trocknen von Wäschestoffen

Heft 71:
Prof. Dr.-Ing. K. Leist, Aachen
Kleingasturbinen, insbesondere zum Fahrzeugantrieb

Heft 72:
Prof. Dr.-Ing. K. Leist, Aachen
Beitrag zur Untersuchung von stehenden geraden Turbinengittern mit Hilfe von Druckverteilungsmessungen

Heft 73:
Prof. Dr.-Ing. K. Leist, Aachen
Spannungsoptische Untersuchungen von Turbinenschaufelfüßen

Heft 74:
Max-Planck-Institut für Eisenforschung, Düsseldorf
Versuche zur Klärung des Umwandlungsverhaltens eines sonderkarbidbildenden Chromstahls

Heft 75:
Max-Planck-Institut für Eisenforschung, Düsseldorf
Zeit-Temperatur-Umwandlungs-Schaubilder als Grundlage der Wärmebehandlung der Stähle

Heft 76:
Max-Planck-Institut für Arbeitsphysiologie, Dortmund
Arbeitstechnische und arbeitsphysiologische Rationalisierung von Mauersteinen

Heft 77:
Meteor Apparatebau Paul Schmeck G. m. b. H., Siegen
Entwicklung von Leuchtstoffröhren hoher Leistung

Heft 78:
Forschungsstelle für Acetylen, Dortmund
Über die Zustandsgleichung des gasförmigen Acetylens und das Gleichgewicht Acetylen—Aceton

Heft 79:
Techn.-Wissenschaftl. Büro für die Bastfaserindustrie, Bielefeld
Trocknung von Leinengarnen III
Spinnspulen- und Spinnkopstrocknung
Vorgang und Einwirkung auf die Garnqualität

Heft 80:
Techn.-Wissenschaftl. Büro für die Bastfaserindustrie, Bielefeld
Die Verarbeitung von Leinengarn auf Webstühlen mit und ohne Oberbau

Heft 81:
Prüf- und Forschungsinstitut für Ziegeleierzeugnisse, Essen-Kray
Die Einführung des großformatigen Einheits-Gitterziegels im Lande Nordrhein-Westfalen

Heft 82:
Vereinigte Aluminium-Werke AG., Bonn
Forschungsarbeiten auf dem Gebiet der Veredelung von Aluminium-Oberflächen

Heft 83:
Prof. Dr. S. Strugger, Münster
Über die Struktur der Proplastiden

Heft 84:
Dr. med. habil., Dr. phil. H. Baron, Düsseldorf
Über Standardisierung von Wundtextilien

Heft 85:
Textilforschungsanstalt Krefeld
Physikalische Untersuchungen an Fasern, Fäden, Garnen und Geweben:
Untersuchungen am Knickscheuergerät nach Weltzien

Heft 86:
Professor Dr.-Ing. H. Opitz, Aachen
Untersuchungen über das Fräsen von Baustahl sowie über den Einfluß des Gefüges auf die Zerspanbarkeit

Heft 87:
Gemeinschaftsausschuß Verzinken, Düsseldorf
Untersuchungen über Güte von Verzinkungen

Heft 88:
Gesellschaft für Kohlentechnik mbH., Dortmund-Eving
Oxydation von Steinkohle mit Salpetersäure

Heft 89:
Verein Deutscher Ingenieure, Gleitlagerforschung, Düsseldorf und Prof. Dr.-Ing. G. Vogelpohl, Göttingen
Versuche mit Preßstoff-Lagern für Walzwerke

Heft 90:
Forschungs-Institut der Feuerfest-Industrie, Bonn
Das Verhalten von Silikasteinen im Siemens-Martin-Ofengewölbe

Heft 91:
Forschungs-Institut der Feuerfest-Industrie, Bonn
Untersuchungen des Zusammenhangs zwischen Leistung und Kohlenverbrauch von Kammeröfen zum Brennen von feuerfesten Materialien

Heft 92:
Techn.-Wissenschaftl. Büro für die Bastfaserindustrie, Bielefeld und Laboratorium für textile Meßtechnik, M.-Gladbach
Messungen von Vorgängen am Webstuhl

Heft 93:
Prof. Dr. W. Kast, Krefeld
Spinnversuche zur Strukturerfassung künstlicher Zellulosefasern

Heft 94:
Prof. Dr. phil. habil. G. Winter, Bonn
Die Heilpflanzen des MATTHIOLUS (1611) gegen Infektionen der Harnwege und Verunreinigung der Wunden bzw. zur Förderung der Wundheilung im Lichte der Antibiotikaforschung

Heft 95:
Prof. Dr. phil. habil. G. Winter, Bonn
Untersuchungen über die flüchtigen Antibiotika aus der Kapuziner- (Tropaeolum maius) und Gartenkresse (Lepidium sativum) und ihr Verhalten im menschlichen Körper bei Aufnahme von Kapuziner- bzw. Gartenkressensalat per os

Heft 96:
Dr.-Ing. P. Koch, Dortmund
Austritt von Exoelektronen aus Metalloberflächen unter Berücksichtigung der Verwendung des Effektes für die Materialprüfung

Heft 97:
Ing. H. Stein, M.-Gladbach
Laboratorium für textile Meßtechnik
Untersuchung der Verzugsvorgänge an den Streckwerken verschiedener Spinnereimaschinen
2. Bericht: Ermittlung der Haft-Gleiteigenschaften von Faserbändern und Vorgarnen

Heft 98:
Fachverband Gesenkschmieden, Hagen
Die Arbeitsgenauigkeit beim Gesenkschmieden unter Hämmern

Heft 99:
Prof. Dr.-Ing. G. Garbotz, Aachen
Der Kraft- und Arbeitsaufwand sowie die Leistungen beim Biegen von Bewehrungsstählen in Abhängigkeit von den Abmessungen, den Formen und der Güte der Stähle (Ermittlung von Leistungsrichtlinien)

Heft 100:
Prof. Dr.-Ing. H. Opitz, Aachen
Untersuchungen von elektrischen Antrieben, Steuerungen und Regelungen an Werkzeugmaschinen

Heft 101:
Prof. Dr.-Ing. H. Opitz, Aachen
Wirtschaftlichkeitsbetrachtungen beim Außenrundschleifen

Heft 102:
Dr. phil. habil. P. Hölemann, Ing. R. Hasselmann und Ing. G. Dix, Dortmund
Untersuchungen über die thermische Zündung von explosiblen Azetylenzersetzungen in Kapillaren

Heft 103:
Prof. Dr. phil. W. Weizel, Bonn
Durchführung von experimentellen Untersuchungen über den zeitlichen Ablauf von Funken in komprimierten Edelgasen sowie zu deren mathematischen Berechnung

Heft 104:
Prof. Dr. phil. W. Weizel, Bonn
Über den Einfluß der Elektroden auf die Eigenschaften von Cadmium-Sulfid-Widerstands-Photozellen

Heft 105:
Dr.-Ing. R. Meldau, Harsewinkel/Westf.
Auswertung von Gekörn – Analysen des Musterstaubes „Flugasche Fortuna I"

Heft 106:
ORR. Dr.-Ing. W. Küch, Dortmund
Untersuchungen über die Einwirkung von feuchtigkeitsgesättigter Luft auf die Festigkeit von Leimverbindungen

Heft 107:
Prof. Dr. phil. H. Lange, Köln
Über die Konstruktion von Laboratoriumsmagneten

Heft 108:
Prof. Dr. phil. W. Fuchs, Aachen
Untersuchungen über neue Beizmethoden und Beizabwässer
I. Die Entzunderung von Drähten mit Natriumhydrid
II. Die Aufbereitung von Beizabwässern

Heft 109:
Dr. phil. habil. P. Hölemann und Ing. R. Hasselmann, Dortmund
Untersuchungen über die Löslichkeit von Azetylen in verschiedenen organischen Lösungsmitteln

Heft 110:
Dr. phil. habil. P. Hölemann und Ing. R. Hasselmann, Dortmund
Untersuchungen über den Druckverlauf bei der explosiblen Zersetzung von gasförmigem Azetylen

Heft 111:
Fachverband Steinzeugindustrie, Köln
Die Entwicklung eines Gerätes zur Beschickung seitlicher Feuer von Steinzeug-Einzelkammeröfen mit festen Brennstoffen

Heft 112:
Prof. Dr.-Ing. H. Opitz, Aachen
Verschleißmessungen beim Drehen mit aktivierten Hartmetallwerkzeugen

Heft 113:
Prof. Dr. med. O. Graf, Dortmund
Erforschung der geistigen Ermüdung und nervösen Belastung: Studien über die vegetative 24-Stunden-Rhythmik in Ruhe und unter Belastung

Heft 114:
Prof. Dr. med. O. Graf, Dortmund
Studien über Fließarbeitsprobleme an einer praxisnahen Experimentieranlage

Heft 115:
Prof. Dr. med. O. Graf, Dortmund
Studium über Arbeitspausen in Betrieben bei freier und zeitgebundener Arbeit (Fließarbeit) und ihre Auswirkung auf die Leistungsfähigkeit

Heft 116:
Prof. Dr.-Ing. E. Siebel und Dr.-Ing. H. Weise, Stuttgart
Untersuchungen an einigen Problemen des Tiefziehens — I. Teil

Heft 117:
Dr.-Ing. H. Beißwänger, Stuttgart, und Dr.-Ing. S. Schwandt, Trier
Untersuchungen an einigen Problemen des Tiefziehens — II. Teil

Heft 118:
Prof. Dr. med. E. A. Müller und Dr. med. H. G. Wenzel, Dortmund
Neuartige Klima-Anlage zur Erzeugung ungleicher Luft- und Strahlungstemperaturen in einem Versuchsraum

Heft 119:
Dr.-Ing. O. Viertel, Krefeld
Wäscherei- und energietechnische Untersuchung einer Gemeinschafts-Waschanlage

Heft 120:

Dipl.-Ing. Weisbecker, Lüdenscheid
Über Anfressung an Reinstaluminium-Schweißnähten bei der elektrolytischen Oxydation
Gebr. Hörstermann GmbH., Velbert
Entwicklung und Erprobung eines neuartigen Gummibandförderers

Heft 121:

Dr. rer. nat. H. Krebs, Bonn
I. Die Struktur und die Eigenschaften der Halbmetalle
II. Die Bestimmung der Atomverteilung in amorphen Substanzen
III. Die chemische Bindung in anorganischen Festkörpern und das Entstehen metallischer Eigenschaften

Heft 122:

Prof. Dr. phil. W. Fuchs, Aachen
Untersuchungen zur Verbesserung der Wasseraufbereitung und Wasseranalyse:
Über die Schnellbewertung von Ionenaustauscher

Heft 123:

Dipl.-Ing. J. Emondts, Aachen
Über Bodenverformungen bei stark gestörtem und mächtigem, wasserführendem Deckgebirge im Aachener Steinkohlengebiet

VERÖFFENTLICHUNGEN DER ARBEITSGEMEINSCHAFT FÜR FORSCHUNG DES LANDES NORDRHEIN-WESTFALEN

Im Auftrage des Ministerpräsidenten Karl Arnold

Herausgegeben von Staatssekretär Prof. Leo Brandt

Heft 1:
Prof. Dr.-Ing. Friedrich Seewald, Technische Hochschule Aachen
Neue Entwicklungen auf dem Gebiete der Antriebsmaschinen
Prof. Dr.-Ing. Friedrich A. F. Schmidt, Technische Hochschule Aachen
Technischer Stand und Zukunftsaussichten der Verbrennungsmaschinen, insbesondere der Gasturbinen
Dr.-Ing. R. Friedrich, Siemens-Schuckert-Werke A.-G., Mülheimer Werk
Möglichkeiten und Voraussetzungen der industriellen Verwertung der Gasturbine

Heft 2:
Prof. Dr.-Ing. Wolfgang Riezler, Universität Bonn
Probleme der Kernphysik
Prof. Dr. phil. Fritz Micheel, Universität Münster,
Isotope als Forschungsmittel in der Chemie und Biochemie

Heft 3:
Prof. Dr. med. Emil Lehnartz, Universität Münster
Der Chemismus der Muskelmaschine
Prof. Dr. med. Gunther Lehmann, Direktor des Max-Planck-Instituts für Arbeitsphysiologie, Dortmund
Physiologische Forschung als Voraussetzung der Bestgestaltung der menschlichen Arbeit
Prof. Dr. Heinrich Kraut, Max-Planck-Institut für Arbeitsphysiologie, Dortmund
Ernährung und Leistungsfähigkeit

Heft 4:
Prof. Dr. Franz Wever, Max-Planck-Institut für Eisenforschung, Düsseldorf
Aufgaben der Eisenforschung
Prof. Dr.-Ing. Hermann Schenck, Technische Hochschule Aachen
Entwicklungslinien des deutschen Eisenhüttenwesens
Prof. Dr.-Ing. Max Haas, Techn. Hochschule Aachen
Wirtschaftliche und technische Bedeutung der Leichtmetalle und ihre Entwicklungsmöglichkeiten

Heft 5:
Prof. Dr. med. Walter Kikuth, Medizinische Akademie Düsseldorf
Virusforschung
Prof. Dr. Rolf Danneel, Universität Bonn
Fortschritte der Krebsforschung
Prof. Dr. med. Dr. phil. W. Schulemann, Univ. Bonn
Wirtschaftliche und organisatorische Gesichtspunkte für die Verbesserung unserer Hochschulforschung

Heft 6:
Prof. Dr. Walter Weizel, Institut für theoretische Physik, Bonn
Die gegenwärtige Situation der Grundlagenforschung in der Physik
Prof. Dr. Siegfried Strugger, Universität Münster
Das Duplikantenproblem in der Biologie
Prof. Dr. Rolf Danneel, Universität Bonn
Über das Verhalten der Mitochondrien bei der Mitose der Mesenchymzellen des Hühner-Embryos
Direktor Dr. Fritz Gummert, Ruhrgas A.-G., Essen
Überlegungen zu den Faktoren Raum und Zeit im biologischen Geschehen und Möglichkeiten einer Nutzanwendung

Heft 7:
Prof. Dr.-Ing. August Götte, Technische Hochschule Aachen
Steinkohle als Rohstoff und Energiequelle
Prof. Dr. e. h. Karl Ziegler, Max-Planck-Institut für Kohlenforschung Mülheim a. d. Ruhr
Über Arbeiten des Max-Planck-Instituts für Kohlenforschung

Heft 8:
Prof. Dr.-Ing. Wilhelm Fucks, Technische Hochschule Aachen
Die Naturwissenschaft, die Technik und der Mensch
Prof. Dr. sc. pol. Walther Hoffmann, Universität Münster
Wirtschaftliche und soziologische Probleme des technischen Fortschritts

Heft 9:
Prof. Dr.-Ing. Franz Bollenrath, Technische Hochschule Aachen
Zur Entwicklung warmfester Werkstoffe
Dr. Heinrich Kaiser, Staatl. Materialprüfungsamt Dortmund
Stand spektralanalytischer Prüfverfahren und Folgerung für deutsche Verhältnisse

Heft 10:
Prof. Dr. Hans Braun, Universität Bonn
Möglichkeiten und Grenzen der Resistenzzüchtung
Prof. Dr.-Ing. Carl Heinrich Dencker, Universität Bonn
Der Weg der Landwirtschaft von der Energieautarkie zur Fremdenergie

Heft 11:
Prof. Dr.-Ing. Herwart Opitz, Technische Hochschule Aachen
Entwicklungslinien der Fertigungstechnik in der Metallbearbeitung
Prof. Dr.-Ing. Karl Krekeler, Technische Hochschule Aachen
Stand und Aussichten der schweißtechnischen Fertigungsverfahren

Heft: 12
Dr. Hermann Rathert, Mitglied des Vorstandes der Vereinigten Glanzstoff-Fabriken A.-G., Wuppertal-Elberfeld
Entwicklung auf dem Gebiet der Chemiefaser-Herstellung
Prof. Dr. Wilhelm Weltzien, Direktor der Textilforschungsanstalt Krefeld
Rohstoff und Veredlung in der Textilwirtschaft

Heft: 13
Dr.-Ing. e. h. Karl Herz, Chefingenieur im Bundesministerium für das Post- und Fernmeldewesen Frankfurt a. Main
Die technischen Entwicklungstendenzen im elektrischen Nachrichtenwesen
Ministerialdirektor Dipl.-Ing. Leo Brandt, Düsseldorf
Navigation und Luftsicherung

Heft 14:
Prof. Dr. Burckhardt Helferich, Universität Bonn
Stand der Enzymchemie und ihre Bedeutung
Prof. Dr. med. Hugo W. Knipping, Direktor der Med. Universitätsklinik Köln
Ausschnitt aus der klinischen Carcinomforschung am Beispiel des Lungenkrebses

Heft 15:
Prof. Dr. Abraham Esau, Technische Hochschule Aachen
Die Bedeutung von Wellenimpulsverfahren in Technik und Natur
Prof. Dr.-Ing. Eugen Flegler, Technische Hochschule Aachen
Die ferromagnetischen Werkstoffe in der Elektrotechnik und ihre neueste Entwicklung

Heft 16:
Prof. Dr. rer. pol. Rudolf Seyffert, Universität Köln
Die Problematik der Distribution
Prof. Dr. rer. pol. Theodor Beste, Universität Köln
Der Leistungslohn

Heft 17:
Prof. Dr.-Ing. Friedrich Seewald, Technische Hochschule Aachen
Die Flugtechnik und ihre Bedeutung für den allgemeinen technischen Fortschritt
Prof. Dr.-Ing. Edouard Houdremont, Essen
Art und Organisation der Forschung in einem Industriekonzern

Heft 18:
Prof. Dr. med. Dr. phil. W. Schulemann, Universität Bonn
Theorie und Praxis pharmakologischer Forschung
Prof. Dr. Wilhelm Groth, Direktor des Physikalisch-Chemischen Instituts, Universität Bonn
Technische Verfahren zur Isotopentrennung

Heft 19:
Dipl.-Ing. Kurt Traenckner, Stellvertr. Vorstandsmitglied der Ruhrgas-A.G., Essen
Entwicklungstendenzen der Gaserzeugung

Heft 20:
M. Zvegintzov
Wissenschaftliche Forschung und die Auswertung ihrer Ergebnisse. Ziel und Tätigkeit der National Research Development Corporation
Dr. Alexander King, Department of Scientific & Industrial Research, London
Wissenschaft und internationale Beziehungen

Heft 21:
Prof. Dr. phil. Robert Schwarz, Aachen
Wesen und Bedeutung der Silicium-Chemie
Prof. Dr. Kurt Alder, Universität Köln
Fortschritte in der Synthese von Kohlenstoffverbindungen

Heft 21 a
Jahresfeier der Arbeitsgemeinschaft für Forschung des Landes Nordrhein-Westfalen am 21. 5. 1952 in Düsseldorf mit Ansprachen des Herrn Bundespräsidenten Professor Dr. Theodor Heuss, des Herrn Ministerpräsidenten Arnold, Frau Kultusminister Teusch, der Herren Professor Dr. Hahn, Professor Dr. Strugger, Vizepräsident Dobbert, Professor Dr. Richter, Professor Dr. Fucks.

Heft 22:
Prof. Dr. Johannes von Allesch, Universität Göttingen
Die Bedeutung der Psychologie im öffentlichen Leben
Prof. Dr. med. Otto Graf, Max-Planck-Institut für Arbeitsphysiologie, Dortmund
Triebfedern menschlicher Leistung

Heft 23:
Prof. Dr. phil. Dr. jur. h. c. Bruno Kuske, Universität Köln
Probleme der Raumforschung
Prof. Dr. Dr.-Ing. e. h. Prager
Städtebau und Landesplanung

Heft 24:
Prof. Dr. Rolf Danneel, Universität Bonn
Über die Wirkungsweise der Erbfaktoren
Prof. Dr. K. Herzog, Medizinische Akademie Düsseldorf
Bewegungsbedarf der menschlichen Gliedmaßengelenke bei der Berufsarbeit

Heft 25:
Prof. Dr. O. Haxel, Heidelberg
Energiegewinnung aus Kernprozessen
Dr. Dr. Max Wolf, Düsseldorf
Gegenwartsprobleme der energiewirtschaftlichen Forschung

Heft 26:
Prof. Dr. Friedrich Becker, Universität Bonn
Ultrakurzwellen aus dem Weltraum, ein neues Forschungsgebiet der Astronomie
Dozent Dr. H. Straßl, Bonn
Bemerkenswerte Doppelsterne und das Problem der Sternentwicklung

Heft 27:
Prof. Dr. Heinrich Behnke, Universität Münster
Der Strukturwandel der Mathematik in der ersten Hälfte des 20. Jahrhunderts
Prof. Dr. E. Sperner, Bonn
Eine mathematische Analyse der Luftdruckverteilungen in großen Gebieten

Heft 28:
Prof. Dr. O. Niemczyk, Aachen
Die Problematik gebirgsmechanischer Vorgänge im Steinkohlenbergbau
Prof. Dr. W. Ahrens, Krefeld
Die Bedeutung geologischer Forschung für die Wirtschaft, besonders in Nordrhein-Westfalen

Heft 29:
Prof. Dr. B. Rensch, Münster
Das Problem der Residuen bei Lernleistungen
Prof. Dr. H. Fink, Köln
Über Leberschäden bei der Bestimmung des biologischen Wertes verschiedener Eiweiße von Mikroorganismen

Heft 30:
Prof. Dr.-Ing. F. Seewald, Aachen
Forschungen auf dem Gebiete der Aerodynamik
Prof. Dr.-Ing. K. Leist, Aachen
Forschungen in der Gasturbinentechnik

Heft 31:
Direktor Dr. F. Mietzsch, Wuppertal
Chemie und wirtschaftliche Bedeutung der Sulfonamide
Prof. Dr. G. Domagk, Wuppertal
Die experimentellen Grundlagen der Chemotherapie der bakteriellen Infektionen

Heft 32:
Prof. Dr. Hans Braun, Universität Bonn
Die Verschleppung von Pflanzenkrankheiten und -schädlingen über die Welt
Prof. Dr. Wilhelm Rudorf, Max-Planck-Institut für Züchtungsforschung, Voldagsen
Der Beitrag von Genetik und Züchtung zur Bekämpfung von Viruskrankheiten der Nutzpflanzen

Heft 33:
Prof. Dr.-Ing. V. Aschoff, Aachen
Probleme der elektroakustischen Einkanalübertragung
Prof. Dr.-Ing. H. Döring, Aachen
Erzeugung und Verstärkung von Mikrowellen

Heft 34:
Geheimrat Prof. Dr. Rudolf Schenck, Aachen
Bedingungen und Gang der Kohlenhydratsynthese im Licht
Prof. Dr. Emil Lehnartz, Universität Münster
Die Endstufen des Stoffabbaus im Organismus

Heft 35:
Prof. Dr.-Ing. H. Schenk, Aachen
Gegenwartsprobleme der Eisenindustrie in Deutschland
Prof. Dr.-Ing. E. Piwowarsky, Aachen
Gelöste und ungelöste Probleme des Gießereiwesens

Heft 36:
Prof. Dr. W. Riezler, Bonn
Teilchenbeschleuniger
Prof. Dr. med. G. Schubert, Hamburg
Anwendung neuer Strahlenquellen in der Krebstherapie

Heft 37:
Prof. Dr. F. Lotze, Münster
Probleme der Gebirgsbildung
Bergwerksdirektor Bergassessor a. D. Rauschenbach, Essen
Die Erhaltung der Förderungskapazität des Ruhrbergbaues auf lange Sicht

Heft 38:
Dr. E. C. Cherry, D. Sc., A.M.I.E.E., London
Cybernetics
Prof. Dr. E. Pietsch, Clausthal-Zellerfeld
Dokumentation und mechanisches Gedächtnis — zur Frage der Ökonomie der geistigen Arbeit

Heft 39:
Dr. H. Haase, Hamburg
Infrarot und seine technischen Anwendungen
Prof. Dr. A. Esau, Aachen
Die Bedeutung des Ultraschalls für technische Anwendungsgebiete

Heft 40:
Bergassessor F. Lange, Bochum-Hordel
Die wissenschaftliche und soziale Bedeutung der Silikose im Bergbau
Prof. Dr. W. Kikuth, Düsseldorf
Die Entstehung der Silikose und ihre Verbreitungsmaßnahmen

Heft 40a:
Prof. Dr. E. Groß, Bonn
Berufskrebs und Krebsforschung
Prof. Dr. H. W. Knipping, Köln
Die Situation der Krebsforschung vom Standpunkt der Klinik und des praktischen Arztes

Heft 41:
Dr.-Ing. G. V. Lachmann, Teddington
An einer neuen Entwicklungsschwelle im Flugzeugbau
Dr. A. Gerber, Zürich
Stand der Entwicklung der Raketen- und Lenktechnik

Heft 42:
Prof. Dr. Theodor Kraus, Köln
Lokalisationsphänomene und Raumordnung vom Standpunkt der geographischen Wissenschaft
Direktor Dr. Fritz Gummert, Essen
Vom Ernährungsversuchsfeld der Kohlenstoffbiologischen Forschungsstation Essen (Ein 6 Jahre lang

durchgeführter Versuch, einen Menschen aus dem Ertrag von 1250 qm zu ernähren).

Heft 43:
Prof. Giovanni Lampariello, Rom
Über Leben und Werk von Heinrich Hertz
Prof. Dr. Walter Weizel, Bonn
Über das Problem der Kausalität in der Physik

Heft 44:
Prof. Dr. Burckhardt Helferich, Bonn
Über Glykoside
Prof. Dr. Fritz Micheel, Münster
Kohlenhydrat-Eiweißverbindungen und ihre biochemische Bedeutung

Heft 45:
Prof. Dr. John von Neumann, Princeton/USA
Entwicklung und Ausnutzung neuerer mathematischer Maschinen
Prof. Dr. E. Stiefel, Zürich
Rechenautomaten im Dienste der Technik mit Beispielen aus dem Züricher Institut für angewandte Mathematik

Geisteswissenschaften

Heft 1:
Prof. Dr. W. Richter, Bonn,
Die Bedeutung der Geisteswissenschaften für die Bildung unserer Zeit
Prof. Dr. J. Ritter, Münster,
Die aristotelische Lehre vom Ursprung und Sinn der Theorie

Heft 2:
Prof. Dr. J. Kroll, Köln,
Elysium
Prof. Dr. G. Jachmann, Köln,
Die vierte Ekloge Vergils

Heft 3:
Prof. Dr. H. E. Stier, Münster,
Die klassische Demokratie

Heft 4:
Prof. Dr. W. Caskel, Köln,
Lihjan und Lihjanisch. Sprache und Kultur eines früharabischen Königreiches

Heft 5:
Prof. Dr. Th. Ohm, Münster,
Stammesreligionen im südlichen Tanganyika-Territorium. — Religionswissenschaftliche Ergebnisse meiner Ostafrikareise 1951

Heft 6:
Prälat Prof. Dr. G. Schreiber, Münster,
Deutsche Wissenschaftspolitik von Bismarck bis zum Atomphysiker Otto Hahn

Heft 7:
Prof. Dr. W. Holtzmann, Bonn,
Das mittelalterliche Imperium und die werdenden Nationen

Heft 8:
Prof. Dr. W. Caskel, Köln,
Die Bedeutung der Beduinen in der Geschichte der Araber

Heft 9:
Prälat Prof. Dr. Georg Schreiber, Münster
Iroschottische Motive im abendländischen Sakralraum

Heft 10:
Prof. Dr. P. Rassow, Köln,
Forschungen zur Reichsidee im 16. und 17. Jahrhundert

Heft 11:
Prof. Dr. H. E. Stier, Münster,
Roms Aufstieg zur Weltherrschaft

Heft 12:
Prof. Dr. D. K. H. Rengstorf, Münster,
Zum Problem der Gleichberechtigung zwischen Mann und Frau auf den Boden des Urchristentums
Prof. Dr. H. Conrad, Bonn,
Grundprobleme einer Reform des Familienrechts

Heft 13:
Professor Dr. Max Braubach, Bonn,
Der Weg zum 20. Juli 1944 — Ein Forschungsbericht

Heft 14:
Prof. Dr. Paul Hübinger, Münster
Das deutsch-französische Verhältnis und seine mittelalterlichen Grundlagen

Heft 15:
Prof. Dr. Franz Steinbach, Bonn,
Der geschichtliche Weg des wirtschaftenden Menschen in die soziale Freiheit und politische Verantwortung

Heft 16:
Prof. Dr. Josef Koch, Köln,
Die Ars coniecturalis des Nikolaus von Cues

Heft 17:
Dr. James B. Conant,
U.S.-Hochkommissar für Deutschland,
Staatsbürger und Wissenschaftler
Prof. Dr. D. Karl Heinrich Rengstorf, Münster,
Antike und Christentum

Heft 18:
Prof. Dr. Richard Alewyn, Köln,
Klopstocks Publikum

Heft 19:
Prof. Dr. Fritz Schalk, Köln,
Das Lächerliche in der französischen Literatur des Ancien Régime

Heft 20:
Prof. Dr. Ludwig Raiser, Bad Godesberg,
Präsident der Deutschen Forschungsgemeinschaft
Rechtsfragen der Mitbestimmung

Heft 21:
Prof. D. Martin Noth, Bonn,
Das Geschichtsverständnis der alttestamentlichen Apokalyptik

Heft 22:
Prof. Dr. Walter F. Schirmer, Bonn
Glück und Ende der Könige in Shakespeares Historien

Heft 23:
Prof. Dr. Günther Jachmann, Köln
Der homerische Schiffskatalog und die Ilias

Heft 24:
Prof. Dr. Theodor Klauser, Bonn
Die römischen Petrustraditionen im Lichte der neuen Ausgrabungen unter der Peterskirche

Heft 25:
Prof. Dr. Hans Peters, Köln
Der Grundsatz der Gewaltentrennung in heutiger Sicht

Heft 26:
Prof. Dr. Fritz Schalk, Köln
Calderon und die Mythologie

Heft 27:
Prof. Dr. Josef Kroll, Köln
Vom Leben Geflügelter Worte

Heft 28:
Prof. Dr. Thomas Ohm
Die Religionen in Asien

Heft 29:
Prof. Dr. Leo Weisgerber, Bonn
Die Ordnung der Sprache im persönlichen und öffentlichen Leben

Heft 30:
Prof. Dr. Werner Caskel, Köln
Entdeckungen in Arabien

Heft 31:
Prof. Dr. Max Braubach, Bonn
Entstehung und Entwicklung der landesgeschichtlichen Bestrebungen und historischen Vereine im Rheinland

Heft 32:
Prof. Dr. Fritz Schalk, Köln
Somnium und verwandte Wörter in den romanischen Sprachen

If you have any concerns about our products,
you can contact us on
ProductSafety@springernature.com

In case Publisher is established outside the EU,
the EU authorized representative is:
**Springer Nature Customer Service Center GmbH
Europaplatz 3, 69115 Heidelberg, Germany**

Printed by Libri Plureos GmbH
in Hamburg, Germany